essentials

essentials liefern aktuelles Wissen in konzentrierter Form. Die Essenz dessen, worauf es als „State-of-the-Art" in der gegenwärtigen Fachdiskussion oder in der Praxis ankommt. *essentials* informieren schnell, unkompliziert und verständlich

- als Einführung in ein aktuelles Thema aus Ihrem Fachgebiet
- als Einstieg in ein für Sie noch unbekanntes Themenfeld
- als Einblick, um zum Thema mitreden zu können

Die Bücher in elektronischer und gedruckter Form bringen das Expertenwissen von Springer-Fachautoren kompakt zur Darstellung. Sie sind besonders für die Nutzung als eBook auf Tablet-PCs, eBook-Readern und Smartphones geeignet. *essentials:* Wissensbausteine aus den Wirtschafts-, Sozial- und Geisteswissenschaften, aus Technik und Naturwissenschaften sowie aus Medizin, Psychologie und Gesundheitsberufen. Von renommierten Autoren aller Springer-Verlagsmarken.

Weitere Bände in der Reihe http://www.springer.com/series/13088

Torsten Schmiermund

Größen, Einheiten, Formelzeichen

Hilfen zum Erstellen naturwissenschaftlicher Texte

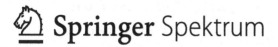 **Springer** Spektrum

Torsten Schmiermund
Frankfurt am Main, Deutschland

ISSN 2197-6708   ISSN 2197-6716   (electronic)
essentials
ISBN 978-3-658-31858-1   ISBN 978-3-658-31859-8   (eBook)
https://doi.org/10.1007/978-3-658-31859-8

Die Deutsche Nationalbibliothek verzeichnet diese Publikation in der Deutschen Nationalbibliografie; detaillierte bibliografische Daten sind im Internet über http://dnb.d-nb.de abrufbar.

Planung/Lektorat: Désirée Claus
Springer Spektrum ist ein Imprint der eingetragenen Gesellschaft Springer Fachmedien Wiesbaden GmbH und ist ein Teil von Springer Nature.
Die Anschrift der Gesellschaft ist: Abraham-Lincoln-Str. 46, 65189 Wiesbaden, Germany

Was Sie in diesem *essential* finden können

- Eine Zusammenfassung der regelgerechten Schreibweise von Größen, Einheiten, Zahlen und Gleichungen.
- Eine Reihe von Tipps zu dem Erstellen gut formatierter technischer und naturwissenschaftlicher Texte.
- Gestaltungsregeln beim Formelsatz.
- Die Darstellung mathematischer und chemischer Formeln bzw. Gleichungen.
- Tabellen mit Sonderzeichen und Tastaturkürzeln.

Du willst bei Fachgenossen gelten?
Das ist verlorene Liebesmüh.
Was Dir missglückt, verzeihn sie selten,
was Dir gelingt, verzeihn sie nie!

Oskar Blumenthal
(1852–1917)

Inhaltsverzeichnis

Einleitung 1

Egal ob Sie (noch) zur Schule gehen, eine naturwissenschaftliche Ausbildung begonnen haben, mitten im Studium sind oder voll im Beruf stehen: Immer wieder werden Hausarbeiten, Referate, Berichte, Kurzvorträge, Projektarbeiten und ähnliche Dinge von Ihnen verlangt. Und gerade im naturwissenschaftlichen Bereich sind hier ein paar Fallen und Schwierigkeiten beim Erstellen der schriftlichen Ausarbeitungen gegeben. Darüber hinaus werden die meisten Texte in üblichen Textverarbeitungen wie z. B. MS Word, Open Office oder Libre Office verfasst.

Dieses Büchlein möchte dazu beitragen, die gröbsten Fehler zu umgehen und ein paar Tipps zum Fertigen naturwissenschaftlicher Texte geben.

Literaturhinweis
Sollten Sie sich näher mit einzelnen Themen oder Stichworten befassen wollen, dann werfen Sie einen Blick in das Literaturverzeichnis. Hier finden Sie, neben der für dieses *essential* verwendeten Literatur, weitere Buchtipps.

1.1 Unterschiedlichste Texte

Von Ihnen können ganz unterschiedliche Texte verlangt werden: Referate, Hausarbeiten, Labor- und Projektberichte, Präsentationen und Vorträge verschiedenster Art. Hinzu kommen noch Abschluss-, Examens-, Bachelor- und Masterarbeiten. Detaillierte Hinweise auf Gestaltung und Ausführung erhalten Sie z. B. bei Kremer (2014) oder Ebel et. al. (2006).

© Der/die Herausgeber bzw. der/die Autor(en), exklusiv lizenziert durch
Springer Fachmedien Wiesbaden GmbH, ein Teil von Springer Nature 2020
T. Schmiermund, *Größen, Einheiten, Formelzeichen*, essentials,
https://doi.org/10.1007/978-3-658-31859-8_1

Gemeinsam ist allen Textarten, dass sie inhaltlich korrekt sein sollen. Und das nicht nur hinsichtlich ihres originären Inhalts, sondern auch in Bezug auf die Darstellung der verwendeten Formeln und Zeichen. Hierzu existieren Normen und Empfehlungen (vergleiche Literaturanhang), die zuweilen ganz unterschiedliche Schreibweisen zulassen.

Die wichtigsten Hinweise zur regelkonformen Darstellung finden Sie in diesem Buch.

1.2 Herausforderungen bei naturwissenschaftlichen Texten

Bei nahezu allen (natur)wissenschaftlichen Texten, zu denen auch Präsentationen und Plakate – z. B. für Vorträge oder Messen – gehören, ergeben sich immer wieder die gleichen Fragestellungen:

- Wie werden Größen und Einheiten korrekt dargestellt?
- Was muss wie hoch- oder tiefgestellt werden?
- Worauf muss ich beim Erstellen von (mathematischen) Formeln achten?
- Wie kann ich Sonderzeichen (griechische Buchstaben, spezielle Symbole) erzeugen?
- Ist bei Tabellen etwas zu beachten?
- Worauf ist bei x,y-Diagrammen zu achten?

Bei einem Text, den Sie für Ihre Lehrer, Dozenten oder Ausbilder erstellen erhalten Sie i. allg. von diesen gewisse Vorgaben. Einige spezielle Dinge sollten Sie jedoch mit Ihrem Betreuer im Vorfeld genau abstimmen. Ob und welche Details dies im Einzelnen sind/sein könnten, erfahren Sie in jeweiligen Abschnitten.

Schreiben Sie ein Manuskript für eine Veröffentlichung in einer Zeitschrift oder als Buch, dann stimmen Sie sich mit dem Verlag entsprechend ab. Auch hier lauern verschiedene kleine „Fallen", die – wenn man das im Vorfeld geklärt hat – zeitraubende Nach-Korrekturen vermeiden.

Relativ frei in Ihrer Gestaltung sind Sie, wenn Sie für die Kollegen der Arbeitsgruppe einen Vortrag halten oder ein Referat schreiben. Hierbei müssen Sie nur die allgemeinen Regeln beachten und daran denken innerhalb Ihrer Arbeit konsistent zu bleiben.

1.3 Direkt erledigen – nicht aufschieben

Bitte lassen Sie sich nicht verleiten, bestimmte Formatierungen oder Sonderzeichen erst dann zu machen, wenn Sie „den Rest" fertig haben. Es ist unumgänglich, die zugehörigen Formatierungen direkt nach der Eingabe bzw. am Satzende, spätestens jedoch mit Ende des Absatzes – und **nicht** nach Beendigung des Abschnitts/Kapitels! – zu tätigen. Sonderzeichen werden direkt eingefügt – niemals „später". Selbst bei gut überschaubaren Texten oder Präsentationen mit nur wenigen Seiten/Folien werden einzelne Elemente u. U. übersehen – und stehen dann falsch formatiert oder gar fehlerbehaftet in Ihrem Werk.

▶ **Tipp 1.1** Gewöhnen Sie sich an Ihren Text mit den für gewöhnlich unsichtbaren Formatierungssymbolen anzusehen. Nur so sind sie in der Lage eventuelle „Fehl-Zeichen" oder auch doppelte Leerzeichen zu erkennen und zu korrigieren. Auch können Sie nur so ein „gewöhnliches Leerzeichen" von einem „geschützten Leerzeichen" (vgl. Abschn. 5.1) unterscheiden.

Text und Textelemente 2

2.1 Schriftarten

Im Prinzip gilt: Wenn keine bestimmte Schriftart vorgegeben wurde, sind Sie in der Auswahl frei. Grundsätzlich gilt: Schreiben Sie Ihren Text in einer einzigen Schriftart. Text in Schriftart 1 und Überschriften in Schriftart 2 mögen Ihnen von Ihrer Textverarbeitung angeboten werden, sind aber ein klares „No-Go".

Generell werden in der Literatur zum Verfassen wissenschaftlicher Texte immer Schriftarten mit Serifen, sogenannte Antiqua-Schriften, empfohlen. Typische Vertreter sind z. B.: Cambria, Garamond, Minion oder Times New Roman. Antiqua-Schriften erleichtern die Unterscheidung von Buchstaben (klein l von groß I von 1) und betonen die Grundlinie, wodurch sie den Lesefluss erleichtern können.

Im Gegensatz dazu stehen die serifenlosen Grotesk-Schriften, wie z. B. Arial, Calibri, Helvetica oder Futura.

▶ **Tipp 2.1** Wenn Sie sich unsicher sind, dann schreiben Sie einen kleinen Beispieltext, drucken diesen aus und betrachten ihn am nächsten Tag. Achten Sie darauf, dass hier auch Kombinationen aus ähnlichen Zeichen (z. B. „1 Illusion") oder aus leicht ineinander verlaufenden Zeichen (z. B. r-n in „Kornnatter" oder „Kornblume") enthalten. Insbesondere Eins (1), klein L (l) und groß i (I) sollten gut unterscheidbar sein.

Wenn Sie den Text in drei oder vier unterschiedlichen Schriftarten ausdrucken, sollten Sie einen Eindruck davon gewinnen, welche
Schrift für Ihr Vorhaben geeignet ist.

▶ **Tipp 2.2** Verwenden Sie im gesamten Dokument nur eine einzige
Schriftart. Sollten Sie Ihren Text z. B. in Times New Roman 12 Punkt
verfasst haben und erfahren am Tag vor der Abgabe, dass der Text in
Arial 11 Punkt abgegeben werden soll, so müssen Sie lediglich alles
markieren, die Schriftart und -größe ändern, das Dokument speichern
und Ausdrucken.
Haben Sie aber z. B. griechische Zeichen aus der Schriftart ‚Symbol'
in Ihren Times New Roman-Text übernommen, dann verbringen Sie
sicher einige Zeit vor dem Bildschirm und können dennoch nicht *ganz*
sicher sein, auch wirklich *alles* entsprechend gefunden und korrigiert
zu haben.

2.2   Hervorhebungen

Hervorhebungen dienen dazu einzelne Worte und Begriffe, aber auch ganze
Sätze vom eigentlichen Text abzusetzen. Gleichermaßen dienen sie dazu den
begrenzten Zeichenvorrat an lateinischen und griechischen Buchstaben zu
erweitern. So bedeutet 500 g fünfhundert Gramm, 500 *g* hingegen die 500-fache
Erdbeschleunigung.

2.2.1   Standard-Hervorhebungen

Im Regelfall bietet Ihnen Ihre Textverarbeitung neben der normalen, geraden
(steilen) Schrift im Menü noch die Formatierungsmöglichkeiten **fett,** *kursiv* und
underline. Unterstreichungen waren zur Zeit der mechanischen Schreib-
maschinen sehr beliebt, sollten heute aber eine Ausnahme sein.
  Wenn Sie einzelne Zeichen, Worte, Begriffe, Satzteile oder Textpassagen
hervorheben wollen oder müssen, dann wählen sie nur *eine* dieser Möglichkeiten.
Kombinationen **mehrerer** Hervorhebungen (z. B. *kursivunterstrichen*) sind zu
vermeiden (Ausnahme: Vektoren, vgl. Abschn. 2.2.4).

2.2.2 Zwingende Steil-Schreibungen

In steiler Grundschrift (also gerade, senkrecht) werden immer geschrieben:

- Einheiten (Meter m, Pascal Pa, Drehmoment in N m, ...)
- Zahlen und Rechenzeichen $(+, -, =, \pm, ...)$
- Spezielle Funktionen und Operationen (z. B. sin, cos, tan, exp, ln, lg, pH, ...)
- Mathematische Operatoren und Konstanten (z. B.: π, e, i, Δ, ∂, ...)
- Symbole der Chemie und der Atomphysik (z. B.: p, α, e^-, Fe, $CuSO_4$)

2.2.3 Zwingende Kursiv-Schreibungen

Bestimmte Text-Teile werden grundsätzlich *kursiv* gesetzt. Es handelt sich um:

- Begriffe aus anderen Sprachen, z. B. „... Traubensäure (englisch *racemic acid*) ..."
- Biologische Artnamen u. ä.: „... der Fuchs *(vulpes vulpes)* ..."
- Naturkonstanten (Avogadro-Konstante N_A, universelle Gaskonstante R, Lichtgeschwindigkeit im Vakuum c_0, ...)
- Variablen der Mathematik (x, y, a, b, ...)
- Größen und Formelzeichen (Stoffmenge n, molare Masse M, Dichte ϱ, Konstante K, ...)

▶ **Tipp 2.3** Insbesondere wenn Sie einen Formeleditor verwenden, müssen Sie darauf achten, dass alles in aufrechter Grundschrift geschrieben wird – mit Ausnahme der Zeichen, die kursiv gesetzt werden müssen. So schreibt sich z. B. der Differentialoperator d als dx (mit kursivem x) oder die Säurekonstante als pK_s (mit kursivem K). Dies erfordert i. d. R. etwas „Formatierungs-Arbeit" (vgl. hierzu auch Abschn. 6.1).

2.2.4 Zwingende Verwendung fettformatierter Schrift

In fetter, serifenloser Schrift werden **Dimensionen** (vgl. Abschn. 4.5) geschrieben.

Wenn Sie sich bei **Vektoren** den Pfeil über dem Symbol ersparen möchten, dann müssen Sie diese ebenfalls in fetter *und* kursiver (!) Schrift darstellen:

Das Formelzeichen F für die Kraft bedeutet einen richtungsunabhängigen Größenwert. Die Schreibweise $\boldsymbol{F}$ kennzeichnet den richtungsabhängigen Vektor der Kraft.

2.2.5 Kapitälchen

Als Kapitälchen werden Großbuchstaben in der Mittellänge der Schrift bezeichnet und sind ebenfalls eine Form der Hervorhebung. Die einzig sinnvolle Verwendung von Kapitälchen besteht heutzutage in der Angabe der D-/L-Konfiguration von Zuckern und Aminosäuren, da hier kursive Kapitälchen vorgeschrieben sind. Die Hervorhebung von Namen, wie z. B. in „MAXWELL-Gleichungen", ist heutzutage nicht mehr üblich und sollte auch keine Anwendung mehr finden.

2.3   Sonderzeichen

Sonderzeichen, wie z. B. mathematische Zeichen ($-, \pm, \geq, \ldots$) oder griechische Buchstaben ($\alpha, \beta, \gamma, \ldots$) schreiben Sie *in der gleichen Schriftart,* in der Sie auch ihren übrigen Text verfassen (vgl. Tipp 2.2, Abschn. 2.1). Diese Zeichen können mittels Unicode oder als ASCII-/ANSI-Code leicht eingefügt werden. Welche Zeichen mit welcher Kombination eingefügt werden, können Sie im Kap. 10 nachschlagen.

2.3.1   Einfügen von Sonderzeichen über das Menü

* **MS Word:** Menü „Einfügen", dann „Symbol" und „Weitere Symbole". Es öffnet sich ein neues Menü, in dem Sie das gewünschte Zeichen auswählen können. Um eine längere Suche nach dem gewünschten Zeichen zu umgehen, können Sie im Feld „Zeichencode" auch den Unicode eintragen.
* **MS Excel und MS Powerpoint:** Menü „Einfügen", dann „Symbol". Es öffnet sich ein neues Menü, in dem Sie das gewünschte Zeichen auswählen können. Um eine längere Suche nach dem gewünschten Zeichen zu umgehen, können Sie im Feld „Zeichencode" auch die Unicode-Ziffer eintragen.
* **Open Office:** Menü „Einfügen", dann „Sonderzeichen". Es öffnet sich ein neues Menü, in dem Sie das gewünschte Zeichen auswählen können. Kontrollieren können Sie über die Unicode-Angabe im Fenster.

- **Libre Office:** Menü „Einfügen", dann „Sonderzeichen". Es öffnet sich ein neues Menü, in dem Sie das gewünschte Zeichen auswählen können. Durch Eingabe des Unicodes können Sie Zeichen suchen. Findet sich ein Zeichen nicht in der ausgewählten Schriftart, so erhalten Sie einen Hinweis.

2.3.2 Einfügen von Sonderzeichen über Zahlenkombinationen

Unicode-Ziffern können in MS Word und in Libre Office nahezu uneingeschränkt verwendet werden. Tippen Sie den Unicode ein und drücken dann [Alt] + [C]. Das Zeichen erscheint sofort. Die Verwendung der ANSI-/ASCII-Codes funktioniert gut in MS Word und MS PowerPoint, jedoch nicht in MS Excel – hier bleibt nur die Menü-Variante.

In anderen Programmen, wie z. B. Open Office, können Sie Sonderzeichen mit den ASCII-/ANSI-Codes – nicht aber als Unicode – einfügen.

▶ **Tipp 2.4** MS Word bietet in dem Untermenü „Symbole" zudem die Möglichkeit, dass sie über die Schaltfläche „Tastenkombinationen" einem bestimmten Zeichen eine bestimmte Tastenkombination zuweisen können. Damit können Sie peu-a-peu häufig benötigte Sonderzeichen mit individuellen Tastenkombinationen zu deren Erzeugung erstellen. So können Sie z. B. das Minus-Zeichen auf die Tastenkombination [Alt Gr] + [-]-Zifferblock oder das kleine alpha (α) auf [Alt Gr] + [A] legen.

2.3.3 Anmerkung zum Schriftart-Ersatz

Ist ein bestimmtes Sonderzeichen nicht in der von Ihnen verwendeten Schriftart verfügbar, dann ändern die MS Office-Programme in der Regel automatisch die Schriftart – meist in ‚Cambria Math' – um das Zeichen darzustellen. Dieser automatische Schriftartwechsel bleibt auch dann erhalten, wenn Sie die Schriftart des gesamten Dokuments ändern.

Bei Open Office bzw. Libre Office müssen Sie ggfs. die Schriftart selbst umstellen. Dies führt u. U. zu den in Tipp 2.2 (Abschn. 2.1) beschriebenen Problemen.

2.4   Fußnoten

2.4.1   ... im Text

Fußnoten sind in den Geisteswissenschaften äußerst beliebt, in den Naturwissenschaften hingegen werden sie oft als entbehrlich angesehen. Insofern Sie
Fußnoten in Ihrem Fließtext verwenden wollen, müssen Sie dabei beachten:

- Fußnoten werden direkt, d. h. ohne Leerzeichen, angefügt.
- Verwenden Sie nur hochgestellte Ziffern. **Vermeiden** Sie zusätzliche
  Klammern und/oder Punkte wie [a], [1.], [I], [5] bei Text-Fußnoten.
- Fußnoten, die an ein Wort angefügt werden, beziehen sich auf diesen einen
  Begriff. Beispiel: „... mit veränderter Oxidationszahl[1]." bezieht sich nur auf
  Oxidationszahl.
- Fußnoten, die nach dem Satzende stehen, betreffen den ganzen Satz. Beispiel:
  „...unter Berücksichtigung der Oxidationszahlen.[1]"

2.4.2   ... in Tabellen

Im Gegensatz zu Sachtexten stellen Fußnoten in Tabellen häufig eine sinnvolle,
teilweise notwendige, Ergänzung der Tabelleninformationen dar. Immer dann,
wenn wichtige Sachverhalte nicht sinnvoll in einer Tabelle untergebracht werden
können, bieten sich Tabellen-Fußnoten an. Solche Zusatz-Informationen können
z. B. sein: [1]eigene Messungen, [2]Literaturwerte, [3]interpoliert.

Besteht die Gefahr einer Fehlinterpretation der Tabellen-Fußnote, so
können Sie diese entsprechend modifizieren. Beispiel: In der Spalten-
überschrift der Tabelle steht „... in $g \cdot m/s^{2*}$"; die Fußnote dazu lautet
„[*]als abgeleitete SI-Einheit". Die Verwendung einer Ziffer könnte hier zu
Irritationen führen: „... in $g \cdot m/s^{21}$".

2.5   Hoch- und Tiefstellungen

Sicher leuchtet es ein, dass für die Formel des Wassers die Variante „H_2O" die
bessere Schreibweise, hingegen „H2O" die schlechtere Schreibweise darstellt.
Im Zuge der Klimadiskussion finden sich aber für Kohlenstoffdioxid (kurz auch

Kohlendioxid genannt) neben „CO_2" (korrekt) auch die Varianten „CO2" (falsch, aber sehr häufig) und „CO^{2-}" (ebenfalls falsch, dafür seltener). Letztere Variante wurde über das „Quadrat-Zeichen" (Tastatur: [ALT GR] + [2], Unicode: 00B2) erzeugt. Bei vergrößerter Schrift fällt der Unterschied auf:

$$Fe^{2-} \qquad\qquad Fe^{2-}$$

korrekt hochgestellte Ziffer   „Quadrat-Zeichen"

Verwenden Sie das Quadrat- bzw. Kubik-Zeichen ausschließlich dann, wenn außer Flächen- und Volumenangaben (z. B. cm^2, dm^3) keine anderen Hochstellungen in Ihrem Text vorkommen. Sobald andere Superskripte verwendet werden, stellen Sie alle Zeichen wie im Abschn. 2.5.2 beschrieben hoch – auch bei Flächen- und Volumeneinheiten.

▶ **Tipp 2.5** Wenn Sie öfter Hoch- und Tiefstellungen benötigen und nicht gerne mit Tastenkombinationen arbeiten, dann passen Sie das Auswahlmenü in dem von Ihnen verwendeten Programm einfach an, damit Sie „mit der Maus" arbeiten können.

2.5.1 Hochstellungen (Superskripte) verwenden

Die häufigsten Hochstellungen finden sich bei Einheiten, wie z. B.: $(kg \cdot m)/s^2$ $= kg\ m\ s^{-2}$ bzw. in Zahlenangaben mit dezimalen Vielfachen; Beispiele: $5,3 \cdot 10^3$ kg; $4,75 \cdot 10^{-6}$ g. Nicht ganz so häufig treten sie bei Formelzeichen auf; Beispiele: E^0 (Normalpotential), $p^\ominus$ (Standard-Druck).

In der Chemie werden die Ladungen von Ionen durch Superskripte gekennzeichnet: Cl^-, H_3O^+, $[Cr(H_2O)_6]^{3+}$ oder e^- (Elektron). In der Atom- und Kernphysik werden die Massenzahlen (d. i. die Summe der Protonen und Neutronen) dem Elementsymbol vorangestellt: ^1H (Wasserstoff), ^2H (Deuterium, H-2), ^3H (Tritium, H-3), ^{13}C (Kohlenstoffisotop C-13).

2.5.2 Superskripte erstellen

Zeichen, die hochgestellt werden sollen, müssen zunächst markiert werden. Je nach Programm sind dann unterschiedliche Schritte auszuführen:

- **MS Word:** Tastenkombination: [Strg]+[+] oder Menü „Schriftart", dort Häkchen bei H̲ochgestellt (bzw. Tastenkombination [Alt]+[O] gefolgt von [Enter]).
- **MS Excel:** Menü „Schriftart", dort Häkchen bei H̲ochgestellt oder Tastenkombination [Alt]+[O] gefolgt von [Enter]. Hochstellungen werden bei Diagramm-Beschriftungen nicht übernommen.
- **MS PowerPoint:** Menü „Schriftart", dort Häkchen bei H̲ochgestellt oder Tastenkombination [Alt]+[O] gefolgt von [Enter].
- **Libre Office:** Tastenkombination [Strg]+[H] oder Menü „F̲ormat" → „Z̲eichen", dann ‚Position' und ‚H̲ochgestellt'.
- **Open Office:** Tastenkombination [Strg]+[H] oder Menü „F̲ormat" → „Zei̲chen", dann ‚Position' und ‚Ho̲chgestellt'.

2.5.3   Tiefstellungen (Indices, Subskripte) verwenden

Neben Subskripten in chemischen Formeln (H_2SO_4, $C_6H_{12}O_6$, …) finden sich Tiefstellungen noch als Indices an Formelzeichen, um die jeweilige Größe genauer zu spezifizieren. So wird z. B. die ‚effektive Spannung' mit dem Formelzeichen U_{eff} dargestellt, um sie von der Spannung U zu unterscheiden. Sind mehrere Indices vorhanden, sollten sie durch eine Klammer, einen Zwischenraum oder ein Komma getrennt werden, um Unklarheiten zu vermeiden.

Achten Sie bei Indices an Formelzeichen besonders auf die Kursivschreibung:
- Indices, die sich auf andere Größen beziehen werden ebenfalls kursiv gesetzt: C_p (*p:* Druck), C_V (*V:* Volumen), I_λ (*λ:* Wellenlänge).
- Indices, die die Worte oder feste Zahlen bedeuten, werden in aufrechter Schrift dargestellt: V_m (m: molar; hier: molares Volumen), g_n (n: normal), p_{abs} (abs: absolut), x_3 (3: dritte Komponente).
- Bei der Kombination von Indices sind diese Formatierungen für jeden einzelnen Index zu beachten. Beispiel: $C_{m,p}$ ist das Formelzeichen für die molare Wärmekapazität bei konstantem Druck. Der Index ‚m' und das Komma werden somit gerade, der Index ‚*p*' kursiv geschrieben.

Eine Liste der bevorzugt zu verwendenden Indices können Sie z. B. DIN 1304 entnehmen.

2.5.4 Indices erstellen

Zeichen, die hochgestellt werden sollen, müssen zunächst markiert werden. Je nach Programm sind dann unterschiedliche Schritte auszuführen:

- **MS Word:** Tastenkombination: [Strg] + [#] oder Menü „Schriftart", dort Häkchen bei Tiefgestellt (bzw. Tastenkombination [Alt] + [E] gefolgt von [Enter]).
- **MS Excel:** Menü „Schriftart", dort Häkchen bei Tiefgestellt oder Tastenkombination [Alt] + [G] gefolgt von [Enter]. Tiefstellungen werden bei Diagramm-Beschriftungen nicht übernommen.
- **MS PowerPoint:** Menü „Schriftart", dort Häkchen bei Tiefgestellt oder Tastenkombination [Alt] + [T] gefolgt von [Enter].
- **Libre Office:** Tastenkombination [Strg] + [T] oder Menü „Format" → „Zeichen", dann ‚Position' und ‚Tiefgestellt'.
- **Open Office:** Tastenkombination [Strg] + [H] oder Menü „Format" → „Zeichen", dann ‚Position' und ‚Tiefgestellt'.

2.5.5 Anmerkungen zu Indices

Längere Indices werden z. T. nicht als Index geschrieben, sondern in einer Klammer auf der regulären Zeile angefügt: $c_{eq}(H_2SO_4) = 0{,}5\,mol/L$. Man schreibt in diesem Beispiel also statt $c_{eq,X}$ besser $c_{eq}(X)$. Dies vermeidet ggfs. doppelte Tiefstellungen, die meist kaum noch lesbar sind. Grundsätzlich *kann* der Index zu einer Größe dem Größensymbol in einer Klammer nachgestellt werden.

In einigen Teilbereichen der Chemie (z. B. bei Betrachtungen zum Massenwirkungsgesetz) hat es sich zudem eingebürgert, Konzentrationen in eine eckige Klammer zu schreiben. So steht [HI] für $c(HI)$.

Zahlenangaben 3

Zahlen werden immer in aufrechter Grundschrift geschrieben. Kleine Zahlen (1–12) als Einzelzahl dürfen Sie in Worten schreiben – müssen es aber nicht zwingend. Ab „13" sollten immer Ziffern verwendet werden. Beispiele: „Um zwei Größenordnungen verschoben."; „Vier unterschiedlich große Felder."; „… wurden weitere 36 Messungen …"

Handelt es sich um eine Aufzählung sind bevorzugt Ziffern zu verwenden. Beispiel: „Materialliste: 1 Bunsenbrenner, 6 Reagenzgläser, 10–12 Einweg-Pipetten, …"

Bei multiplikativen Angaben ist der Ziffern-Schreibweise ebenfalls der Vorzug zu geben. Beispiele: „5-mal so groß"; „20-fach erhöhte Werte".

Werden Zahlen als Brüche geschrieben, so ist zwischen ganzen Zahlen und Brüchen ein Leerzeichen zu schreiben: 3 5/8 ≠ 35/8 (drei Fünf-achtel ist nicht gleich fünfunddreißig Achtel).

3.1 Große bzw. kleine Zahlenangaben

Besonders große oder kleine Zahlen sind ohne ein Trennzeichen als optisches Hilfsmittel oft nur schwer lesbar. Denken Sie z. B. daran, für eine Überweisung eine IBAN-Nr. (die ohne Leerstellen geschrieben wurde) abschreiben zu müssen. Landläufig werden große Zahlen in Dreier-Kolonnen mittels Punkt getrennt – oder im Falle der IBAN in Viererkolonnen mit Leerzeichen.

Die Internationale Kommission für Maße und Gewicht (BIPM) und DIN EN ISO 80000–1 geben für große und für kleine Zahlen die Trennung mittels Leerzeichen vor: 7 436 825,7 km oder 0,752 358 12 kg.

T. Schmiermund, *Größen, Einheiten, Formelzeichen*, essentials, https://doi.org/10.1007/978-3-658-31859-8_3

Bei nur vier Stellen vor oder nach dem Komma kann auf die Trennung ver-
zichtet werden ohne die Lesbarkeit zu gefährden: 1 325 m → 1325 m oder
0,985 7 kN → 0,9857 kN.

Bitte beachten Sie, dass zur Trennung der Dreier-Kolonnen (und zwischen
der letzten Ziffer und Einheit) ausschließlich das „geschützte Leerzeichen"
(Abschn. 5.1) verwendet werden darf, da Sie sonst ggfs. einen Zeilenumbruch
innerhalb der Zahl bzw. der Größenangabe riskieren.

Ordinalzahlen (Zahlen, die eine bestimmte Stelle in einer geordneten Liste
beschreiben) sollten, wenn sie als Kennzahl verwendet werden, ohne Trennzeichen geschrieben werden. Beispiel: DIN EN ISO 80000–2.

Zur Darstellung von Geldbeträgen hingegen schreibt DIN 5008 die Verwendung von Tausender-Punkten als Trennzeichen vor: 1.259.258,63 €. Hier
sollen aus Sicherheitsgründen keine Leerzeichen verwendet werden.

3.1.1 Dezimal-Zeichen

Als dezimales Trennzeichen wird im Deutschen das Komma (,), im
englisch-amerikanischen der Punkt auf der Linie (.) verwendet. Eine internationale Vereinheitlichung ist z. Zt. nicht absehbar. Grundsätzlich wird
empfohlen das Komma als Trennzeichen zu verwenden und die Zahlen mittels
(geschütztem) Leerzeichen in Dreierkolonnen zu unterteilen – auch wenn Ihr Text
in Englisch abgefasst wird.

Beachten Sie, dass eine führende Null immer geschrieben werden muss. Also
nicht „… ,235 mg" oder „… -,82 L" sondern 0,235 mg und 0,82 L.

3.1.2 Vorsätze

Dezimale Vielfache und dezimale Teile von Einheiten können mit Vorsätzen
geschrieben werden. Diese Vorsätze (Tab. 3.1) werden ausschließlich in Verbindung mit Einheitennamen (z. B. Mikrogramm) oder mit Einheitenzeichen
(z. B. µL) benutzt.

Hierbei dürfen mehrere Vorsätze nicht zusammengesetzt werden: Für 10^{-6} m
ist µm (Mikrometer) zulässig – mmm (Millimillimeter) nicht.

Es ist zweckmäßig die Vorsätze so zu wählen, dass die resultierenden Angaben
in ihren Zahlenwerten im Bereich 0,1 … 1000 liegen. Beispiele: 12 kN statt
$1,2 \cdot 10^4$ N; 1,38 kPa statt 1380 Pa.

Weitere Regeln:

- Durch das Zusammensetzen von Vorsatzzeichen und Einheit entsteht ein neues, untrennbares Einheitenzeichen. Es wird daher ohne Leerzeichen angefügt.
- Größen ohne Einheit bzw. mit der Einheit 1 können keinen Vorsatz erhalten.
- Für die Zeiteinheiten Minute (min), Stunde (h) und Tag (d) werden keine Vorsätze verwendet.
- Masseangaben:
  - Bei „Kilogramm" keine weiteren Vorsätze verwenden (Mikrokilogramm, μkg ist falsch!)
  - Statt dessen „Gramm" benutzen (μg für Mikrogramm).
- Temperaturangaben
  - Temperaturen in °C erhalten keinen Vorsatz. Statt z. B. 1,3 kC schreibt man demnach $1,3 \cdot 10^3$ °C.
  - Bei Angaben in Kelvin (K) sind Vorsätze gestattet: 2,4 kK (Kilokelvin) für $2,4 \cdot 10^3 \, K = 2400 \, K$.

Vorsätze großer Zahlen werden in Großbuchstaben geschrieben (historisch bedingte Ausnahmen: da, h, k). Vorsätze für kleine Zahlen werden in Kleinbuchstaben geschrieben.

Die Vorsätze h, da, d und c sollten Sie nur bei Einheiten anwenden, bei denen Sie auch üblich sind (ha, hL, cm^2, dm^3). Statt z. B. 5 daN schreiben sie besser 50 N. Nutzen Sie bevorzugt die durch drei teilbaren Vorsätze.

▶ **Anmerkung 3.1** Die alleinige Verwendung von Vorsätzen ist **nicht** erlaubt, z. B.: 70 k für 70 000.

▶ **Anmerkung 3.2** Die dezimalen SI-Vorsätze werden auch zusammen mit den ISO-Währungscodes verwendet. So ist 1,2 kEUR = 1200 EUR (kEUR = Kilo-Euro) und 1,9 MUSD = 1.900.000 US$ (MUSD = Mega-US-Dollar). Die Schreibweise in Kombination mit Währungszeichen (z. B. 1,5 M€ für 1,5 Mega-Euro = 1.500.000 EUR) ist hingegen weniger üblich.

▶ **Anmerkung 3.3** Um dezimale Vielfache (10^x) von binären Vielfachen (2^x) zu differenzieren wurden für letztere eigene Vorsätze definiert. Es gilt z. B. für den dezimalen Vorsatz „kilo (k)": 1 kbit $= 10^3$ bit $= 1000$ bit. Hierzu korrespondiert der binäre Vorsatz „Kibi (Ki)". Es gilt: 1 Kibit $= 2^{10}$ bit $= 1024$ bit (Zu weiteren binären Vorsätzen vergleiche DIN EN ISO 80000–1).

Tab. 3.1 Dezimale Vorsätze für Vielfache und Teile

Symbol	Name	Wert 1	Wert 2	Bedeutung
Y	Yotta...	10^{24}	1 000 000 000 000 000 000 000 000	Quadrillion
Z	Zetta...	10^{21}	1 000 000 000 000 000 000 000	Trilliarde
E	Exa...	10^{18}	1 000 000 000 000 000 000	Trillion
P	Peta...	10^{15}	1 000 000 000 000 000	Billiarde
T	Tera...	10^{12}	1 000 000 000 000	Billion
G	Giga...	10^{9}	1 000 000 000	Milliarde
M	Mega...	10^{6}	1 000 000	Million
k	Kilo...	10^{3}	1 000	Tausend
h	Hekto...	10^{2}	100	Hundert
da	Deka...	10^{1}	10	Zehn
–	–	10^{0}	1	**Eins**
d	Dezi...	10^{-1}	0,1	Zehntel
c	Centi...	10^{-2}	0,01	Hundertstel
m	Milli...	10^{-3}	0,001	Tausendstel
μ	Mikro...	10^{-6}	0,000 001	Millionstel
n	Nano...	10^{-9}	0,000 000 001	Milliardstel
p	Pico...	10^{-12}	0,000 000 000 001	Billionstel
f	Femto...	10^{-15}	0,000 000 000 000 001	Billiardstel
a	Atto...	10^{-18}	0,000 000 000 000 000 001	Trillionstel
z	Zepto...	10^{-21}	0,000 000 000 000 000 000 001	Trilliardstel
y	Yokto...	10^{-24}	0,000 000 000 000 000 000 000 001	Quadrillionstel

3.1.3 Prozent, Promille, etc.

Das **Prozent**-Zeichen (%) erreichen Sie bequem über die Tastatur. Bitte beachten Sie, dass dieses Zeichen gleich der Rechenoperation „$\times 10^{-2}$" bzw. „durch 100" ist. Dies ist für Berechnungen zu beachten. Wenn Sie also z. B. eine Prozentangabe multiplizieren, dann ergibt sich: $20\% \times 20\% = 0{,}2 \times 0{,}2 = 0{,}04 = 4\%$ (und nicht $20 \times 20 = 400!$).

Das Prozent-Zeichen wird mit Leerstelle davor geschrieben – also wie ein Einheitenzeichen behandelt. Typographische Tradition („alte Schreibweise") ist der direkte Anschluss an die Zahl, d. h. ohne Leerzeichen. Dies sollte allerdings nur bei Ableitungen (z. B. 25%ige Salzsäure) der Fall sein. Beachten Sie, dass zwischen „%" und „ige" keine Trennung (Bindestrich, Leerzeichen, o. ä.) geschrieben wird.

Wenn Sie das Wort „Prozent" schreiben, dann werden auch ganze Zahlen bis 12 als Wort geschrieben: Fünf Prozent. Vermischungen ausgeschriebener Zahlen mit dem %-Zeichen (z. B.: neun %) sind typographisch nicht zulässig.

Das **Promille**-Zeichen (‰ = Rechenoperation „$\times 10^{-3}$") ist über den ASCII/ ANSI-Code [ALT]+[0137] bzw. über Unicode 2030 zu erreichen. Die in DIN 5008 erlaubte Variante „o/oo" (mit drei kleinen o) hat in Ihrem wissenschaftlichen Text keine Verwendung. Im Weiteren gilt das bereits beim Prozent-Zeichen gesagte.

Als noch kleinere Operatoren fungieren die Angaben in **ppm** (*parts per million*, $= 10^{-6} = 1$ millionstel), **ppb** (*parts per billion*, $= 10^{-9} = 1$ milliardstel), **ppt** (*parts per trillion*, $= 10^{-12} = 1$ billionstel) und – seltener – **ppq** (*parts per quadrillion*, $= 10^{-15} = 1$ billiardstel).

Beachten Sie, dass *billion* die englische Bezeichnung für Milliarde (10^9), *trillion* die für Billion (10^{12}) darstellt. Diese Kürzel sind international in dieser Form gebräuchlich. Kommen Sie **nicht** auf die Idee „ppt" als „*parts per thousand*" zu verwenden. Hierfür gibt es das Promille-Zeichen!

3.2 Von/bis-Angaben

DIN 5008 sieht als Zeichen für „bis" den Gedankenstrich – mit je einem Leerzeichen davor und danach – vor. Bei naturwissenschaftlichen und technischen Texten ist diese Form der Angabe missverständlich: Der Gedankenstrich (–, Unicode 2013) kann, insbesondere aufgrund der Leerzeichen, sehr leicht mit dem Minus-Zeichen (−, Unicode 2212) verwechselt werden.

Alternativen sind die Verwendung des Bindestichs (-, Unicode 002D) bzw. des Gedankenstrichs **ohne** Leerzeichen: 23 kg–25 kg; 800 bar–850 bar; Abb. 3.3 a–d (Abbildung 3.3, a bis d); S. 56–59 (Seiten 56 bis 59). Auch hier besteht immer noch eine (wenn auch kleinere) Verwechslungsgefahr – je nach Kontext.

Eine andere, zunehmend stärker an Bedeutung gewinnende, Möglichkeit zur Angabe der Erstreckungsbereiche von Größenangaben ist die Verwendung von drei hintereinander gesetzten Punkten (…, Unicode 2026) als Auslassungszeichen. Hierbei wirken die Punkte analog einer Klammer, sodass die Einheit nur einmal geschrieben werden muss. Beispiele: 800…900 bar, 20…25 µg kg^{-1}, 1,50…1,58 mol/L. Insbesondere zur Verwendung in Tabellen ist diese Variante empfohlen.

Grundsätzlich müssen Größenbereiche mathematisch korrekt formuliert werden. Richtig sind daher: 1 MHz bis 10 MHz, (1 bis 10) MHz, 20 °C bis 25 °C, 123 kg $\pm$ 4 kg, (123 $\pm$ 4) kg, 230 V (1 · $\pm$ 5 %); falsch hingegen: 1 bis 10 MHz, 20–25 °C, 123 kg $\pm$ 4, 230 V $\pm$ 5 %.

▶ **Anmerkung 3.4** In älteren Büchern finden sich manchmal Angaben, die ebenfalls mit Auslassungspunkten geschrieben sind, z. B.: „1,487…92 g/mL". Dies ist zu lesen als „1,487 g/mL bis 1,492 g/mL".

3.3 Datums- und Zeitangaben

Um ein Datum in einem **Text** zu schreiben, bietet sich die alphanumerische Schreibweise an: 3. Oktober 2019. Hierbei sollen die Monatsnamen nicht abgekürzt werden, einstellige Tage erhalten keine führende Null.

In z. B. **Tabellen** können Sie die übliche deutsche Schreibweise (Format: TT.MM.JJJJ) verwenden, z. B. 19.12.1965, sofern keine Missverständnisse entstehen können.

DIN ISO 8601 sieht alleinig das „**internationale Datumsformat**" (Format: JJJJ-MM-TT) vor, z. B. 2000-04-18. Dieses Format sollten Sie bevorzugt wählen, wenn Ihre Veröffentlichung außerhalb Deutschlands zugänglich ist/sein soll.

Uhrzeiten und Zeitdifferenzen werden im Format hh:mm:ss oder hh:mm bzw. mm:ss angegeben. Beachten Sie, dass die entsprechende Zeiteinheit dazugehört. Beispiele:: „… ab 8:35 Uhr."; „… über einen Zeitraum von 3:15 h."; „… eine Dauer von 13:36 min."

3.4 Angabe von Messunsicherheiten

Der Wert der Standardunsicherheit des gemessenen Werts einer Größe kann wie folgt angegeben werden:

- $V_{m,0} = 0{,}022\ 414\ 10\ \text{m}^3/\text{mol} \pm 0{,}000\ 000\ 19\ \text{m}^3/\text{mol}$
- $V_{m,0} = (0{,}022\ 414\ 10 \pm 0{,}000\ 000\ 19)\ \text{m}^3/\text{mol}$

Eine besonders bequeme Variante ist die Schreibweise in Klammern, die sich immer auf die letzten angegebenen Stellen des Messwerts bezieht:

- $V_{m,0} = 0{,}022\ 414\ 10\ (19)\ \text{m}^3/\text{mol}$

Falsch hingegen sind Angaben wie $V_{m,0} = 0{,}022\ 414\ 10\ \text{m}^3/\text{mol} \pm 0{,}000\ 000\ 19$ (keine Einheit bei der Standardunsicherheit) oder wie $V_{m,0} = 0{,}022\ 414\ 10 \pm 0{,}000\ 000\ 19\ \text{m}^3/\text{mol}$ (fehlende Einheit beim Messwert).

Um eindeutig anzugeben, dass es sich nicht um einen gerundeten Wert, sondern um eine exakte Zahlenangabe handelt, sieht DIN 1333 vor, die letzte Ziffer in halbfetter Schrift zu drucken. Beispiele: $1\ \text{sm} = 1852\,\text{m}$, $c_0 = 299\ 792\ 458\,\text{ms}^{-1}$.

Größen, Einheiten, Formelzeichen und Dimensionen

4

4.1 Größen

Eine Größe ist direkt oder indirekt messbar und kann quantitativ erfasst werden. Diese Messung erfolgt stets durch den Vergleich mit einer Einheit. Hieraus folgt, dass Volumina nur in Volumeneinheiten und Temperaturen nur in Temperatureinheiten gemessen und angegeben werden können.

Der Vergleich mit der Einheit ergibt sich dadurch, dass eine Größe immer als Produkt aus Zahlenwert und Einheit dargestellt wird.

$$\text{Größe} = \text{Zahlenwert mal Einheit} \rightarrow G = \{Z\} \cdot [E].$$

In Größengleichungen bedeuten die Formelzeichen „G" stets physikalische Größen oder mathematische Zeichen. Sie sind daher von der Wahl der Einheiten unabhängig. So liefert die Gleichung $U = R \cdot I$ immer dasselbe Ergebnis für die Spannung U – unabhängig davon, in welchen Einheiten die Stromstärke I und der Widerstand R angegeben werden.

Denken Sie daran, dass bei allen Zahlenangaben und bei allen Rechnungen die Angabe der zugehörigen Einheiten erfolgen muss.

Größen sind das Produkt einer Zahl mit einer Einheit. Das Multiplikations-Zeichen wird hierbei oft nicht geschrieben, sondern durch einen Zwischenraum angedeutet.

▶ **Tipp 4.1** Verwenden Sie zum Verbinden von Zahlenwert und Einheit unbedingt das „geschützte Leerzeichen" (Abschn. 5.1), um zu vermeiden, dass Zahlenwert und Einheit im Falle eines Zeilenumbruchs voneinander getrennt werden.

© Der/die Herausgeber bzw. der/die Autor(en), exklusiv lizenziert durch Springer Fachmedien Wiesbaden GmbH, ein Teil von Springer Nature 2020
T. Schmiermund, *Größen, Einheiten, Formelzeichen*, essentials,
https://doi.org/10.1007/978-3-658-31859-8_4

4.2   Größenzeichen

Größenzeichen, auch Formelzeichen genannt, sind vereinbarte Symbole für Größen und international standardisiert. Sie werden grundsätzlich *kursiv* dargestellt. So ist z. B. das Formelzeichen für die Zeit *t* oder für die Masse *m*. Da Formelzeichen grundsätzlich Größen darstellen müssen bei entsprechenden Angaben immer Zahlenwert und Einheit angegeben sein: $l = 3\,\text{m}$, $t = 29\,\text{s}$, $m = 76\,\text{kg}$. Eine fehlerhafte Angabe wie z. B. die einer Geschwindigkeit von $v = 18$ könnte bedeuten $v = 18\,\text{m/s}$ oder $v = 18\,\text{km/h}$ – ein nicht unerheblicher Unterschied.

Hinweise

- Für umfangreiche Fachaufsätze und Bücher empfiehlt DIN 1304 die benutzten Formelzeichen und ihre Bedeutung in einer Liste zusammenzustellen.
- Formelzeichen können durch einen Index näher spezifiziert werden; so z. B. p_{abs} für den absoluten Druck *p*. (Vergleiche auch Abschn. 2.5)
- Formelzeichen dürfen keinen Hinweis auf die zu verwendende Einheit enthalten: $c_{mol/L}$. Richtig muss es „*c* in mol/L" bzw. *c*/(mol/L) lauten (vergleiche Abschn. 4.4).

4.3   Einheiten

Einheiten und Einheitenzeichen werden grundsätzlich in aufrechter Schrift dargestellt.

Einige Einheiten leiten sich direkt aus den SI-Einheiten her, andere lassen sich direkt auf SI-Einheiten zurückführen. Diese werden als kohärent abgeleitete Einheiten (bezogen auf das SI) bezeichnet. Der Umrechnungsfaktor zwischen kohärenter und SI-Einheit beträgt 1. Nicht kohärente Einheiten haben einen von Eins verschiedenen Faktor. Nicht kohärent abgeleitete Einheiten sind z. B. Geschwindigkeitsangaben im km/h oder cm/s.

Zusammengesetzte Einheiten bestehen aus mehreren, mathematisch miteinander verbundenen Einheiten, so z. B. die Einheit der Geschwindigkeit oder der Beschleunigung. Achten Sie besonders bei Einheiten, die mittels Multiplikation verbunden werde, auf die richtige Schreibweise. Beispiele:

- Pas ist falsch, richtig sind Pa s, Pa · s oder Pa·s (Pascal mal Sekunde).
- ms bedeutet Millisekunde, aber: m s = m · s = m·s (Meter mal Sekunde)

Manchmal ist es günstiger die Reihenfolge der Einheitenzeichen zu verändern: ‚Millinewton' (mN) und ‚Meter mal Newton' (m N) können verwechselt werden. Letzteres wird daher besser als N m (Newton mal Meter) dargestellt. **Einheitennamen** werden im Deutschen großgeschrieben (Meter, Kilogramm, Sekunde). Werden dezimale Vorsätze verwendet, so werden diese dem Einheitennamen ohne Bindestrich oder Leerzeichen vorangestellt: Mikrogramm, Kilokelvin, Megajoule. Die Potenzen „Quadrat" und „Kubik" werden im Deutschen ebenfalls wie Vorsilben behandelt: Quadratsekunde, Kubikmeter.

▶ **Anmerkung 4.1** Abkürzungen in Verbindung mit „Quadrat-„bzw. „Kubik-" wie z. B. qm (Quadratmeter, m²), cbm (Kubikmeter, m³) oder ccm (Kubikzentimeter, $cm^3 = mL = 10^{-3}\,dm^3 = 10^{-6}\,m^3$) sollen nicht mehr genutzt werden.

Im deutschen Sprachgebrauch sind die Einheitennamen überwiegend sächlich (das Meter, das Volt, das Mol, …). Ausnahmen sind:
- mit weiblichem Artikel: die atomare Masseneinheit (u), die Candela (cd), die Dioptrie (dpt), die Minute (min), die Sekunde (s), die Tonne (t)
- mit männlichem Artikel: der Grad (°), der Grad Celsius (°C), der Radiant (rad), der Steradiant (sr), der Vollwinkel

Einheitenzeichen bestehen aus Kleinbuchstaben (m, s, kg, …), es sei denn, sie leiten sich von Namen ab (Pa, V, A, J, …). Ausnahme: L für das Liter.
Da die Einheiten Gleichungen aus physikalischen Gesetzen entsprechen, müssen sie auch dementsprechend benannt werden. So heißt „km/h" ausgesprochen „Kilometer durch Stunde" (und nicht Stundenkilometer).

Hinweise:
- Es dürfen keine anderen Zusätze an Einheitenzeichen angebracht werden. So ist $U = 230\,V_{std}$ falsch. Die richtige Angabe lautet in diesem Fall $U_{std} = 230\,V$.
- Terme für Einheiten dürfen nur Einheitenzeichen, Zahlen und mathematische Symbole enthalten. Zusätzliche Angaben durch Text o. ä. sind nicht gestattet. Die Angabe „Gehalt von 8,5 g H_2O/kg" ist daher durch „Wassergehalt von 8,5 g/kg" zu ersetzen.

4.4   Angabe von Größe und Einheit

Die Größengleichung lautet Größe = Zahlenwert mal Einheit → $G = \{Z\} \cdot [E]$. Hierbei bedeutet „[E]" „Einheit". Dies wurde offenbar z. T. fehlerhaft interpretiert (d. h. „Einheit" als [„E"] statt als „[E]" gelesen) und daher resultiert(e) die *falsche Schreibweise G* [E]. Beispiele: *U* [V], *n* [mol]. Diese Fehl-Schreibweise scheint tief im kollektiven Gedächtnis verankert zu sein. DIN 1313 verbietet daher ausdrücklich die Schreibweise von Einheiten in eckigen Klammern!

Durch Umformen der Gleichung $G = \{Z\} \cdot [E]$ ergibt sich: $\{Z\} = G/[E]$. Damit wird z. B. aus $U = 3{,}6\,V$ die Beziehung $3{,}6 = U/V$; aus $A = 12\,m^2$ wird $12 = A/m^2$ und aus $\varrho = 1{,}36\,g/cm^3$ wird $1{,}36 = \varrho/(g/cm^3)$.

Die **richtige Schreibweise** zur Angabe von Formelzeichen und Einheit lautet demnach **Größe durch Einheit** ($G/[E]$), zu lesen als „Größe, angegeben in der Einheit": Beispiele: R/Ω (Widerstand in Ohm), V/m^3 (Volumen in Kubikmetern), $\varrho/(kg/L)$ (Dichte in Kilogramm durch Liter), $\theta/°$ (theta in Grad). Diese Angabe wird besonders zur Benutzung in Grafiken, Diagrammen und in Spaltenüberschriften von Tabellen empfohlen.

Alternativ können Formelzeichen und Einheit auch durch das Wort „in" verbunden werden: *R* in Ω, *V* in m^3, ϱ in kg/L, θ in °.

Die Schreibweise mit runder Klammer ist nicht explizit untersagt und wird daher häufig angewendet. Hierbei ergeben sich Angaben wie z. B.: ϑ (°C), *t* (s), *l* (in mm), *D* (in mGy).

▶   **Tipp 4.1** Verwenden Sie jeweils vor und nach dem Wörtchen „in" ein geschütztes Leerzeichen um zu verhindern, dass Formelzeichen und Einheit einen Zeilenumbruch erleiden.

4.5   Dimensionen

Der Begriff der Dimension ist streng von dem Begriff der Größe zu unterscheiden. Die Angaben 53 cm, 17,6 m, 88 km und 2,4 Lj sind untereinander sehr verschieden. Gemeinsam ist ihnen, dass es sich in allen Fällen um Längenangaben handelt. Sie haben daher alle die gleiche Dimension: die Dimension Länge (= dim *l* = **L**).

Tab. 4.1 SI-Basisgrößen

Größe	Größenzeichen	Dimensionszeichen	Einheit
Länge	l, h, …	**L**	Meter, m
Masse	m	**M**	Kilogramm, kg
Zeit, Dauer	t	**T**	Sekunde, s
Elektr. Stromstärke	I	**I**	Ampere, A
Thermodynam. Temperatur	T	**Θ**	Kelvin, K
Stoffmenge	n	**N**	Mol, mol
Lichtstärke	I_v	**J**	Candela, cd

Gleiches gilt auch für die Angaben 5 g, 12 kg, 17 to (Dimension Masse $=$ dim $m = $ **M**) oder 24,3 s, 16 min, 5,3 h (Dimension Zeit $=$ dim $t = $ **Z**). So ergibt sich beispielsweise für die Dimension der Kraft:

$$\dim F = (\dim)^3 = \mathbf{L} \cdot \mathbf{M} \cdot \mathbf{T}^{-2} = \mathbf{LMT}^{-2}.$$

Die Dimensionen der Basisgrößen sind in Tab. 4.1 angegeben.

Nicht alle Größen können in Dimensionen der Basisgrößen angegeben werden. So ergibt sich z. B. für den Massenanteil w die Einheitengleichung kg/kg $= $ kg$^1 \cdot$ kg$^{-1} = $ kg$^0 = 1$. Gleiches gilt auch für den ebenen Winkel, die Brechzahl und andere Größen. Hier wurde früher von *dimensionslosen Größen* bzw. von *Größen der Dimension Eins* gesprochen. Heute bezeichnet man sie als **Größen der Dimension Zahl.** Hierzu zählen auch Anzahlen (z. B. Anzahl der Moleküle oder Anzahl der Blutplättchen in einer Probe). Weitere Größen der Dimension Zahl sind beispielsweise die Reynolds-Zahl *(Re)* und die Mach-Zahl *(Ma)*.

Bestimmte Zeichen 5

Erfahren Sie nun mehr über das bereits erwähnte geschützte Leerzeichen und den Bindestrich. Lernen Sie die Besonderheiten bei der Verwendung einfacher Rechenzeichen kennen und erfahren Sie, wie sich Markierungen über einem Zeichen anbringen lassen.

▶ **Tipp 5.1** Erstellen Sie für sich selbst eine Datei, in der Sie die Sonderzeichen, die Sie häufig benötigen, ablegen. Vorteilhaft ist, wenn Sie das Zeichen, seine Bedeutung und den zugehörigen Code hinterlegen. Das kann z. B. so aussehen wie in Tab. 5.1 dargestellt.

5.1 Das geschützte Leerzeichen

Gewöhnen Sie sich möglichst früh an, zwischen Zahl und Einheit ein sogenanntes „geschütztes Leerzeichen" einzufügen. Hierdurch vermeiden Sie, dass Zahl und Einheit bei einem Zeilenumbruch voneinander getrennt werden.

Gleichermaßen verwenden Sie das geschützte Leerzeichen auch als Trennung der Dreier-Kolonnen bei Zahlen und zwischen Rechenzeichen. Dies gilt auch für Formeln, die mittels Formeleditor erstellt wurden.

Sie können das geschützte Leerzeichen mit Unicode 00A0 oder unter Windows mit [ALT]+0160 (auf dem Ziffernblock!) erzeugen. In den meist genutzten Textverarbeitungen können Sie die Tastenkombination [STRG]+ [SHIFT]+[LEER] verwenden.

© Der/die Herausgeber bzw. der/die Autor(en), exklusiv lizenziert durch Springer Fachmedien Wiesbaden GmbH, ein Teil von Springer Nature 2020 T. Schmiermund, *Größen, Einheiten, Formelzeichen*, essentials, https://doi.org/10.1007/978-3-658-31859-8_5

Tab. 5.1 Beispiel für eine eigene Sonderzeichentabelle

α	β	γ	→	⇌	ℓ	ϑ	ϱ
alpha	beta	gamma	Pfeil, rechts	Doppelhaken	„L"	theta (Symb.)	rho (Symb.)
03B1	03B2	03B3	2192	21CC	2113	03D1	03F1

Ist Ihnen das geschützte Leerzeichen zu breit, dann können Sie mit Unicode 202 F ein schmaleres, ebenfalls geschütztes Leerzeichen erzeugen. Dies bietet sich besonders bei der Verwendung von Rechenzeichen und bei der Angabe von Größen zwischen Zahl und Einheit an.

5.2   Der Bindestrich

Die Verwendung oder Nicht-Verwendung des Bindestrichs führt immer wieder zu Irritationen. Der Bindestrich **wird** verwendet:

- in Zusammensetzung mit Abkürzungen: Kfz-Papiere, CO-haltiges Abgas, Daten-CD, Vol.-%
- in Zusammensetzung mit einzelnen Buchstaben oder Ziffern: s-förmig, i-Punkt, 12-mal, 5,5-fach, 400-m-Lauf, y-Achse, Dehnungs-h
- vor Nachsilben in Zusammensetzung mit Einzelbuchstaben: n-te Wurzel, x-fach, n-tel

Er wird **nicht** verwendet
- bei Nachsilben mit mehr als einem Zeichen: 68er, 5%ig, 32stel, 1993er

Er **kann** verwendet werden
- bei dem Wortbestandteil ‚fach': 8fach oder 8-fach.

5.3   Rechenzeichen und deren Verwendung

5.3.1   Additionszeichen (Plus, +)

Das Plus-Zeichen befindet sich auf der Tastatur und kann uneingeschränkt verwendet werden. Bei Additionen wird vor und nach dem Plus-Zeichen eine Leerstelle geschrieben (z. B.: 3+4=7), bei der Verwendung als Vorzeichen folgt keine Leerstelle (z. B.: +23 °C).

5.3.2 Subtraktionszeichen (Minus, −)

Das Minus-Zeichen befindet sich **nicht** auf der Tastatur! Grundsätzlich gelten die gleichen Regeln wie für das Plus-Zeichen:

* Bei der Subtraktion wird das Minus-Zeichen von Leerstellen umrahmt $(9-3=6)$
* Als Vorzeichen steht keine Leerstelle dazwischen (z. B.: −28,5 °C)

In vielen Fällen wird anstelle des Minus-Zeichens leider der Bindestrich verwendet. Den Unterschied erkennt man gut an den Beispielen Avogadro-Konstante und Hydroxid-Ion:

* Mit Bindestrichen: $6{,}022 \cdot 10^{-23} \, \text{mol}^{-1}$,   OH-
* Mit Minus-Zeichen: $6{,}022 \cdot 10^{-23} \, \text{mol}^{-1}$,   OH−

Aber auch bei kleineren Berechnungen zeigt sich der Unterschied:

* Mit Bindestrichen: $0{,}3 - 0{,}8 = -0{,}5$
* Mit Minus-Zeichen: $0{,}3 - 0{,}8 = -0{,}5$

Die Verwendung des falschen Bindestrichs an Stelle des korrekten Minus-Zeichens ist einer der häufigsten und nur schwer *vollständig* korrigierbaren Fehler. Das Minus-Zeichen erzeugen Sie am einfachsten mit Unicode 2212 – direkt in dem Moment, in dem Sie ein Minus-Zeichen schreiben wollen.

5.3.3 Multiplikationszeichen (Mal, · oder ×)

Auch das Multiplikationszeichen ist **nicht** auf Ihrer Tastatur. Häufig wird an Stelle des Mal-Punktes (·) der sogenannte „Asterix" (*) bzw. an Stelle des Multiplikations-Kreuzes (×) ein normales kleines X (x) verwendet. Die DIN 5008:2011 lässt sogar einen normalen Punkt zu: 5 m . 2 m = 10 m². Diese Schreibweisen (*, x, .) sind wissenschaftlich nicht korrekt und stellen daher keine Option für Sie dar. Verwenden Sie ausschließlich die korrekten Zeichen!

Zur Darstellung der Rechenoperation „Multiplikation" existieren mehrere zugelassene Schreibweisen:

$$ab = a\,b = a{\cdot}b = a \cdot b = a{\times}b = a \times b = (a)(b) = (a)\,(b).$$

Die Metrologie verwendet den Multiplikationspunkt ($\cdot$, Unicode 2219) ausschließlich zur Multiplikation von Einheitenzeichen (z. B. $N\,m = N \cdot m$). Nach den Vorgaben des BIPM *(Bureau International des Poids et Mesures)* sollen Zahlen grundsätzlich mittels Multiplikationszeichen ($\times$, Unicode 00D7) multipliziert werden, (z. B.: $25 \times 8 = 200$). Größenwerte dürfen mittels Klammern oder dem Multiplikationszeichen miteinander multipliziert werden (z. B.: $(12\,m^2)(3\,m) = 36\,m^3$ oder $28\,m/s \times 10\,s = 280\,m$) (Vergleiche z. B. Literatur PTB (2002) und BIPM (2019)). Diese Schreibweise ist auch im englischsprachigen Raum obligat.

Die Normen DIN 1301 und DIN 1338 verwenden im Regelfall den Multiplikationspunkt. Das liegende Kreuz findet nur bei räumlichen Abmessungen, sowie bei der Multiplikation von Vektoren Anwendung. Beispiele: Format $297\,mm \times 210\,mm$ (nicht $297 \times 210\,mm$), Kantholz $5\,cm \times 5\,cm \times 3\,m$, $S = E \times H$.

5.3.4 Darstellung von Brüchen

Auch zur Darstellung der Rechenoperation der Division existieren mehrere zugelassene Schreibweisen:

$$a/b = a{:}b = a : b = a \cdot b^{-1} = (a)\big/(b) = \frac{a}{b}.$$

Innerhalb eines Textes werden Sie i. allg. mit dem Schrägstrich ([SHIFT]+[7]) auskommen. Schreiben Sie die Einheiten hierbei in normaler Schrift, z. B.: $1{,}42\,g/mL$. Unter Umständen kann es günstiger sein auf den „mathematischen Bruchstrich ($/$)" auszuweichen, z. B. in Präsentationen.

Der waagerechte Bruchstrich hingegen ist für Fließtext weniger geeignet. Er ist sinnvoll nur über einen Formeleditor zu erzeugen und es bietet sich daher an, ihn auch nur in Formeln zu verwenden. Innerhalb eines Fließtextes – z. B.: $1{,}42\,\frac{g}{mL}$ – wirkt sich diese Variante ggfs. störend auf den Lesefluss aus. Zur Angabe der Einheit in einer Tabelle z. B. kann dies aber durchaus eine gute Option sein.

In den letzten Jahren hat sich vermehrt die Potenzschreibweise etabliert. So ergibt sich z. B. für die Universelle Gaskonstante R die Einheit $(Pa\,m^3)/(mol\,K) = Pa\,m^3\,mol^{-1}\,K^{-1}$.

Bei reinen Zahlen wird der mit Leerstellen abgesetzte Doppelpunkt in der Bedeutung „zu" verwendet: „... im Verhältnis $3 : 1$ miteinander gemischt." Zur

Darstellung von Brüchen und Divisionen sollte der Doppelpunkt möglichst nicht verwendet werden. Beispiele: $v = s{:}t$ und $12\,m^3{:}4\,m = 3\,m^2$ werden so zu den besseren Varianten $v = s/t$ und $12\,m^3/4\,m = 3\,m^2$.

5.3.5 Gleichheitszeichen, größer/kleiner als

Das Gleichheitszeichen (=), alle ihm verwandten Zeichen ($\neq$, $\equiv$, $\approx$, $\cong$, …) und die Zeichen für größer als/kleiner als und ihre Ableitungen ($>$, $<$, $\gg$, $\ggg$, $\leq$, $\geq$, …) werden grundsätzlich mit einem Leerzeichen davor und danach geschrieben. Zur Erzeugung einzelner Zeichen vergleiche Tab. 10.1.

5.4 Verwendung bestimmter Sonderzeichen

Für einige wenige Zeichen existieren Ausweichzeichen. Diese können verwendet werden, um Verwechslungen mit anderen Zeichen auszuschließen. Die Formen ϑ, $\varkappa$, ϱ und φ sind gemäß DIN 1338 den Zeichen θ, κ, ρ und ϕ gegenüber zu bevorzugen. Eine Übersicht gibt Tab. 5.2.

5.5 Markierungen über einem Zeichen

Zur Kennzeichnung zeitbezogener Größen wird meist ein Punkt über dem jeweiligen Einheitenzeichen gesetzt, so z. B. bei der Dosisleistung (= Dosis durch Zeit): $\dot{D} = D/t$. Für Angaben zum Durchschnitt/Mittelwert wird i. d. R. ein Querstrich über das Zeichen gesetzt, der sogenannte Überstrich. So z. B. $\bar{x}$ für den Mittelwert. Manchmal wird auch ein darüber gesetzter Pfeil für einen Vektor benötigt. Um diese zusätzlichen Zeichen oberhalb des Buchstabens schreiben zu können existieren mehrere Varianten.

5.5.1 Formeleditor

Fügen Sie eine neue Formel ein. Im Untermenü „Akzent" finden Sie u. a. auch den Überstrich, den Punkt und den Pfeil. Der größte Vorteil dieser Variante ist, dass hiermit auch Ziffern und griechische Buchstaben sauber mit einem Überstrich versehen werden können. Auch ist es die sinnvollste Variante, den Vektor-Pfeil über ein Formelzeichen zu setzen. Beispiele: $\bar{\alpha}$; $\overline{2{,}36}$; $\vec{a}$.

Tab. 5.2 Bestimmte Sonderzeichen

Zeichen	Name	Unicode	Anmerkungen	Beispiele
ℓ	Schreibschrift-L	2113	Ausweichzeichen für kleines L Bei Verwechslungsgefahr l $\leftrightarrow$ I	$\Delta \ell = \ell_0 \cdot \alpha \cdot \Delta T$ $H_2O_{(\ell)}$
ϑ	Theta-Symbol	03D1	Ausweichzeichen für Temperatur-Angaben in °C, bei Verwechslungsgefahr von Zeit (t) mit Grad-Celsius-Temperatur (t)	$Q = m \cdot c \cdot \Delta \vartheta$
ϱ	Rho-Symbol	03F1	Ausweichzeichen für ‚rho'. Bei Verwechslungsgefahr $p \leftrightarrow \rho$	$\varrho = m/V$
φ	kleines phi	03C6	Bevorzugt statt ϕ zu verwenden. Verwechslungsgefahr $\phi \leftrightarrow \Phi$	
$\varkappa$	Kappa-Symbol	03F0	Als Formelzeichen für den Isotropenexponent (auch: Adiabatenexponent) in der Thermodynamik üblich	
$\oplus, \ominus$	Eingekreistes Plus bzw. Minus	2295, 2296	In der chemischen Zeichensprache zur Kennzeichnung formaler Ladungen vorgeschrieben	

5.5.2 Querstrich bzw. Punkt über das Menü einfügen

Die Menü-Variante funktioniert in den meisten Programmen problemlos, sofern diese die Möglichkeit Symbole einzufügen bieten: Den jeweiligen Buchstaben schreiben, dann Einfügen/Symbol auswählen. Im „Subset" wählen Sie dann „Diaktrische Markierungen (kombinierend)" aus. Den Querstrich bzw. den Punkt finden Sie dort. Zur Kontrolle: Überstrich = Unicode 0305, Punkt = Unicode 0307. Diese Methode funktioniert leider nur bei „normalen" Buchstaben befriedigend, bei Ziffern kommt es häufig zu einem unschönen Versatz: $\bar{p}$; $5,\bar{3}$.

5.5.3 Querstrich bzw. Punkt mittels Kombination einfügen

Sie tippen ihren Buchstaben, geben die Unicode-Ziffernfolge ein und drücken [ALT]+[C]. Beim Loslassen der [ALT]-Taste erscheint das darüber gestellte Zeichen. Für den Punkt verwenden Sie Unicode 0307, für den Querstrich 0305. Leider versagt diese Variante bei den Buchstaben A-F, bei X und bei allen Ziffern.

Analog können Sie die ASCII-/ANSI-Codes [ALT]+773 für den Querstich und [ALT]+775 für den Punkt verwenden. Tippen Sie dazu Ihren Buchstaben und dann ohne Leerstelle bei gedrückter [ALT]-Taste die Ziffernkombination auf dem Nummernblock. Bei Ziffern kommt es ebenfalls zu einem Versatz, dafür können aber auch die Buchstaben A-F und X so mit einem darüber gesetzten Zeichen versehen werden.

5.5.4 Sondervariante MS Word

Für die Textverarbeitung MS Word existiert eine Sondervariante zur Erstellung von Punkt bzw. Strich (aber nicht Pfeil) über einem Zeichen. Doch Vorsicht: Hierbei gelten die Einschränkungen, die bereits im Abschn. 5.5.2 genannt wurden.

1. Starten Sie zunächst MS Word.
2. Wählen Sie „Datei" und öffnen Sie „Optionen"
3. Steuern Sie den Bereich "Dokumentenprüfung" an.
4. Hier finden Sie die „Autokorrektur-Optionen".
5. Suchen Sie nach dem Bereich „Autokorrekturregeln von Mathematik in anderen als mathematischen Bereichen verwenden" und setzen sie den Haken bei „Math. Autokorrektur".
6. Bestätigen Sie mit „OK".
7. Ab sofort können Sie durch das tippen von „[Buchstabe]\bar" (ohne Anführungszeichen) den Überstrich bzw. durch die Angabe von „[Buchstabe]\dot" den Punkt über dem Zeichen erzeugen. Aus „x\bar" wird $\bar{x}$ und aus z. B. „q\dot" wird $\dot{q}$.

Mathematische Formeln 6

Die meistgenutzten Textverarbeitungen bieten die Möglichkeit, einen programm-
internen Formeleditor zu verwenden. Deren Nutzung ist allein schon aufgrund
der Kompatibilität zur jeweiligen Textverarbeitung zu empfehlen. Machen Sie
sich also mit dem Formeleditor Ihrer Textverarbeitung vertraut.

6.1 Zu beachten

Funktionszeichen werden von ihren Argumenten getrennt (ln b, sin α, lg 5). Ausnahmen sind das vollständige Differential (d), das partielle Differential (∂) und
die Differenz (Δ), die ohne Leerstelle verbunden werden: dx, ∂a, ΔE.

Sind Formeln Bestandteile eines Satzes, dann werden diese auch wie Satzteile
behandelt. D. h. die entsprechenden Satzzeichen (. , ; !, etc.) werden gesetzt. Bei
freistehenden Formeln ist zwischen Formel und Satzzeichen eine Leerstelle zu
schreiben. Bei Formeln in Tabellen entfallen die Satzzeichen.

6.1.1 Eindeutige Angaben

Achten Sie unbedingt darauf ihre Formeln eindeutig zu schreiben. So kann
„a/b/c" sowohl als „a/(b/c) = (ac)/b", als auch als „(a/b)/c = a/(bc)" gelesen
werden. Die Beziehung ab^{-1} kann man als $(a \cdot b)^{-1} = (a\,b)^{-1}$ oder als
$a \cdot b^{-1} = a\,(b^{-1})$ interpretieren. Dies ist auch bei Einheiten zu beachten: Die
Angabe m·kg/s³/A ist missverständlich. Schreiben Sie besser $(m \cdot kg)/(s^3 \cdot A)$
oder $m \cdot kg \cdot s^{-3} \cdot A^{-1}$. Ähnliches gilt auch für Größenangaben: „3/8 s" kann
gelesen werden als „3/(8 s)" oder als „(3/8) s".

© Der/die Herausgeber bzw. der/die Autor(en), exklusiv lizenziert durch   37
Springer Fachmedien Wiesbaden GmbH, ein Teil von Springer Nature 2020
T. Schmiermund, *Größen, Einheiten, Formelzeichen*, essentials,
https://doi.org/10.1007/978-3-658-31859-8_6

Auch wenn *Sie* wissen, was eigentlich gemeint ist: Verwenden Sie ggfs. Multiplikationszeichen, Leerstellen oder Klammern um aus potenziell mehrdeutigen Schreibweisen eindeutige Formeln zu generieren.

6.1.2 Umbruch in Formeln

Längere mathematische Ausdrücke und Formeln die Sie mittels Formeleditor erzeugen, werden so umgebrochen, dass die neue Zeile mit einem Gleichheitszeichen oder einem Plus- bzw. einem Minus-Zeichen beginnt:

$$N_A = \frac{A \cdot t \cdot V_{0.He}}{V_{He}}$$

$$= \frac{1{,}38 \cdot 10^{11} \cdot 31\,563\,000 \text{ s} \cdot 22\,414 \text{ cm}^3}{0{,}158 \text{ cm}^3 \cdot \text{s} \cdot \text{mol}} = 6{,}147 \cdot 10^{23} \text{ mol}^{-1}.$$

Die Teilung sollte nach Möglichkeit *nicht* innerhalb eines Klammerterms erfolgen. Gleichheitszeichen stehen unter, Plus-/Minuszeichen etwas rechts des vorangegangenen Gleichheitszeichens.

6.1.3 Lesbarkeit

Achten Sie darauf, dass sich Ihre Formeln ‚mit einem Blick' erfassen lassen. Hierzu müssen Sie u. U. mehrere Schreibweisen ausprobieren.

Beispiel 1:

- ab − ac (x + y) + cd
- a·b − a·c·(x + y) + c·d
- a · b − a · c · (x + y) + c · d

Beispiel 2:

$$pH = -lg\left(c_{H_3O^+}\gamma_{H_3O^+} \times \frac{1}{c^*}\right)$$

$$pH = -lg\left(c\left(H_3O^+\right) \cdot \gamma\left(H_3O^+\right) \cdot 1/c^*\right)$$

Noch eine Bitte: Hüten Sie sich vor Konstruktionen wie z. B. $^{Pa \cdot m^3}\!/_{mol \cdot K}$. Das ist selbst in einer Präsentation mit großer Schriftart kaum lesbar.

6.2   Besonderheiten MS Word

Der Formeleditor von MS Word verwendet eine eigene Schriftart, setzt die gesamte Formel kursiv, entfernt „eigenständig" Leerzeichen und ändert das Minus ($-$) in einen Bindestrich (-) um. Diese kleinen Fallen gilt es zu umgehen. Schreiben Sie also zunächst ihre Formel mit dem Editor und achten Sie darauf, dass diese korrekt ist. Dann wandeln Sie die Formel in normalen Text um und fügen die notwendigen Leerstellen als geschützte Leerzeichen ([ALT]+0160 oder Unicode 00A0) ein. Ändern Sie nun die Schriftart, damit diese mit Ihrer Text-Schriftart übereinstimmt. Überprüfen Sie Ihre Formel erneut, insbesondere hinsichtlich des Minus-Zeichens und ändern Sie es ggfs. indem Sie den Bindestrich markieren und den Unicode für das Minus-Zeichen (2212) verwenden. Zuletzt setzen Sie Formelzeichen und andere Elemente wieder kursiv.

6.3   Externe Formeleditoren

Es existieren unzählige Formel-Editor-Programme, die Sie als Shareware oder Freeware aus dem Internet herunterladen können. Ob der von Ihnen gewählte Editor den Anforderungen genügt müssen Sie ggfs. ausprobieren. Bei einigen dieser Programme kann die in ihnen erstellte Formel als Grafik-Datei ausgegeben und gespeichert werden. Die so erstellte Grafik kann dann in die von Ihnen genutzte Textverarbeitung wie jedes andere Bild auch eingefügt werden.

Achten Sie schon zu Beginn darauf, dass Sie die gleiche Schriftart verwenden, in denen auch Ihr Fließtext dargestellt ist. Weiters sollten Sie Kursivstellung von Formelzeichen, die gerade Schrift bei Zahlen und Einheitenzeichen, die notwendigen Leerzeichen, korrekte Minus-Zeichen usw. vor dem Export als Bilddatei akribisch überprüfen.

Achten Sie demnach bei der Auswahl eines solchen Formeleditors darauf, dass einzelne Zeichen formatiert (Schrift gerade, kursiv oder fett) werden können und dass ggfs. nicht im Menü vorhandene Sonderzeichen mittels Unicode eingefügt werden können.

Chemische Formeln & Atomsymbole

Nicht nur wenn Sie sich in Ihrer Facharbeit mit Chemie und/oder Atom- bzw. Kernphysik auseinandersetzen, werden Sie häufig nicht ganz auf die entsprechenden Symbole verzichten können. Aber: Schreiben Sie die Formeln korrekt auf.
Regelkonform geschriebene bzw. formatierte Formeln zeugen von einer gewissen Fachkenntnis. Fehlerhafte Darstellungen wie z. B.: $c(H2SO4)$ an Stelle von $c(H_2SO_4)$ hingegen wirken in einer Facharbeit schnell oberflächlich.

7.1 Chemische Formeln

Bei chemischen Formeln ist zu unterscheiden zwischen:

- Formeln von Substanzen und Teilen davon
- Gruppenformeln
- Strukturformeln
- Reaktionsgleichungen.

Je nachdem was Sie darstellen möchten, ist die Herangehensweise verschieden.

7.1.1 Substanzformeln

Die Formeln bzw. Summenformeln vieler Substanzen und Substanzteile können einfach mittels Hoch-/Tiefstellung geschrieben werden: $FeSO_4$, CO_2, CH_3COOH, $CuSO_4 \cdot 5\,H_2O$, C_2H_5OH, OH^-, H^+, H_3O^+, Cl^-, $[Cu(NH_3)_4]^{2+}$, $[Cu(NH_3)_4]SO_4$.

© Der/die Herausgeber bzw. der/die Autor(en), exklusiv lizenziert durch
Springer Fachmedien Wiesbaden GmbH, ein Teil von Springer Nature 2020
T. Schmiermund, *Größen, Einheiten, Formelzeichen*, essentials,
https://doi.org/10.1007/978-3-658-31859-8_7

Beachten Sie, dass Ionenladungen als n+bzw. n− (nicht umgekehrt, ‚+n') angegeben werden: Richtig sind also Na^+, O^{2-}, Al^{3+}.

Häufig findet sich die Variante der „versetzten" Hoch-/Tiefstellung: $SO_4{}^{2-}$. Diese Darstellung wird von der IUPAC (IUPAC 2005) so angewandt und war in der DIN 32640 so vorgesehen. Für Formeln und Reaktionsgleichungen im Fließtext-Format wird diese Schreibweise nach wie vor empfohlen.

Wenn Sie aber ohnehin den Formeleditor zur Erstellung einer Reaktionsgleichung benutzen, dann schreiben Sie SO_4^{2-}.

▶ **Anmerkung 7.1** Die Schreibweise „in Klammer" – wie z. B. $(SO_4)^{2-}$ oder $(N_3)^-$ – ist formal korrekt und wird u. a. auch in der DIN EN ISO 80000-1 so vorgeschlagen. Diese Schreibweise ist jedoch nicht durchgängig etabliert und sollte ggfs. im Vorfeld einer abzugebenden Arbeit abgeklärt werden.

▶ **Anmerkung 7.2** Bei der Angabe von Oxidationszahlen werden diese mit römischen Ziffern und führendem Vorzeichen geschrieben, wobei das positive Vorzeichen entfallen kann. Beispiel: „Die Oxidationszahlen von Mangan und Sauerstoff in $KMnO_4$ betragen: Mn^{VII} und O^{-II}."

7.1.2 Gruppenformeln

Insbesondere bei organischen Molekülen ist es häufig erforderlich, bestimmte Atomgruppen/-gruppierungen deutlich kenntlich zu machen: $H_3C–COOH$, $H_3C–(CH_2)_3–Cl$, $H_3C–C(O)–CH_3$, $H_2C=(CH)–CHO$.

Verwenden Sie an Stelle des Bindestrichs (-) zur Abgrenzung der Teilgruppen den Gedankenstrich (–, Unicode 2013) oder das Minus-Zeichen (−, Unicode 2212), um die Lesbarkeit zu verbessern. Beachten Sie, dass davor und danach keine Leerzeichen geschrieben werden.

▶ **Tipp 7.1** Die Verwendung des Minus-Zeichens hat den Vorteil, dass kein Zeilenumbruch innerhalb der Formel erfolgt und dass das Zeichen in vielen Schriftarten etwas höher sitzt. Vergleichen Sie hierzu auch die Beispiele in Abschn. 7.1.2.

7.1.3 Strukturformeln

Strukturformeln erstellen Sie mit einem dafür geeigneten Programm. Achten Sie hier bereits darauf, dass Strichstärke, Größe von Zeichen und Buchstaben etc. so sind, wie Sie es später haben möchten. Zeichnen Sie lieber zu groß als zu klein. Ist Ihre Formel fertig, haben Sie mehrere Optionen:

• Kopieren und Einfügen (schnelle Variante).
• Exportieren Sie die Formel in einem Grafik-Format und fügen Sie sie dann wie eine Abbildung in ihren Text ein (meist nur wenige Export-Formate verfügbar).
• Kopieren Sie die Formel und fügen Sie sie über die Zwischenablage in ein Grafik-Programm ein bzw. öffnen Sie die zuvor exportierte Grafik. Speichern Sie sie dann in einem beliebigen Grafik-Format ab. Anschließend die so erstellte Abbildung in den Text einfügen.

Die letzte Variante gibt Ihnen die Möglichkeit, in dem von Ihnen verwendeten Grafik-Programm ggfs. Änderungen oder Korrekturen nachträglich einzuarbeiten. Zudem können Sie selbst entscheiden, ob Sie als Pixel- oder als Vektorgrafik abspeichern wollen.

7.1.4 Reaktionsgleichungen

Einfache Reaktionsgleichungen können Sie u. U. direkt als Text schreiben:

$$Cu + 2HNO_3 \rightarrow Cu(NO_3)_2 + H_2.$$

Verwenden Sie nicht den von der Textverarbeitung „automatisch" erzeugten Pfeil (→), der durch Eingabe von [-] [-] [>] entsteht, sondern benutzen Sie auf jeden Fall den „Pfeil nach rechts" (Unicode 2192).
Für etwas komplexere Gleichungen verwenden Sie den Formeleditor:

$$2\,C_6H_5-CH_3 \xrightarrow{O_2, Katalysator} 2\,C_6H_5-COOH + 3\,H_2O$$

Ist bei längeren Reaktionsgleichungen ein Zeilenumbruch nicht zu vermeiden, so wird nach dem Reaktionspfeil getrennt:

$$12\,H_2O + 6\,CO_2 + 12\,NADPH + 18\,ATP \rightarrow$$

$$C_6H_{12}O_6 + 6\,O_2 + 12\,H_2O + 12\,NADP + 18\,ADP + 18\,P_i$$

Beim Aufstellen von Reaktionsgleichungen mit Strukturformeln gehen Sie wie im Abschn. 7.1.3 beschrieben vor.

7.1.5   Angeregte Zustände und Radikale

Manchmal müssen angeregte Zustände oder Radikale dargestellt werden. Für angeregte Zustände können Sie den Asterix (*, Unicode 002A) verwenden. Zur Kennzeichnung von Radikalen wird das Punkt-Aufzählungszeichen • (Unicode 2022) empfohlen.
   Beispiel: Reaktionsgleichung eines Wassermoleküls, das durch γ-Strahlung angeregt wird und anschließend in zwei Radikale zerfällt:

$$H_2O + \gamma \rightarrow H_2O^* \rightarrow H\bullet + \bullet OH \quad \text{bzw.} \quad H_2O \xrightarrow{\gamma} H_2O^* \rightarrow H\bullet + \bullet OH$$

Die IUPAC (IUPAC 2005) hingegen sieht einen hochgestellten Punkt zur Kennzeichnung von Radikalen vor: $H^\bullet, HO^\bullet, \left[V(CO)_6\right]^\bullet, Br^\bullet, (O_2)^{\bullet\bullet}, (O_2)^{2\bullet}, (N_2O)^{2\bullet 2+}$

7.2   Atomsymbole

Atome werden ausführlich in der Form

$$^{\text{Nukleonenzahl}}_{\text{Ordnungszahl}}\text{Symbol}^{\text{Ladung}}_{\text{Koeffizient}}$$

geschrieben. Hilfskonstruktionen wie ^4_2He oder $_2^4He$ wirken gegenüber der formal richtigen Schreibweise ^4_2He unbeholfen. Letztere wird mit dem Formeleditor erzeugt. Die Angabe von Isotopen innerhalb von Verbindungen erfolgt nach dem gleichen Schema. Schweres Wasser (D_2O) wird als ^2H_2O, Uranhexafluorid mit dem Uran-Isotop U-236 als $^{236}UF_6$ geschrieben.

▶   **Tipp 7.2** Indem Sie während der Formelbearbeitung in MS Word das „große Kästchen" markieren, können Sie sowohl die Hoch-/ Tiefstellungen auf der linken, als auch auf der rechten Seite erzeugen.

Tabellen: Spaltenüberschriften und gebrochene Tabellen

Spaltenüberschriften in Tabellen enthalten oftmals die Angaben Formelzeichen und Einheit. Vergleichen Sie hierzu auch Abschn. 4.4.

Normgerechte Angaben sind beispielsweise:

T/kK	T in kK	$T/10^3\,\text{K}$	T in $10^3\,\text{K}$	T/K	T in K
8,3	8,3	8,3	8,3	8 300	8 300

Nicht untersagt sind aber auch:

T (kK)	T (in kK)	T ($10^3\,\text{K}$)	T (in $10^3\,\text{K}$)	T (K)	T (in K)
8,3	8,3	8,3	8,3	8 300	8 300

Um Platz zu sparen, werden schmale Tabellen, die nur aus zwei oder drei Spalten bestehen, „gebrochen". D. h. nach der Hälfte der Zeilen wird die Tabelle abgebrochen und rechts davon beginnen Sie unter Wiederholung des Tabellenkopfes noch einmal. Bei diesen **gebrochenen Tabellen** (die auch „Doppeltabellen" genannt werden), sollten Sie im Zuge einer guten Lesbarkeit darauf achten, dass die Tabelle als gebrochene Tabelle erkennbar ist – und nicht für eine durchgängig z. B. 4-spaltige Tabelle gehalten wird. Dies erreichen Sie einfach durch einen (dickeren) Trennstrich oder einen Abstand (Leerspalte) zwischen den beiden Hälften (vergleiche Abb. 8.1).

Umgekehrt können Sie eine breite, aber kurze Tabelle durch Vertauschen der Zeilen und Spalten in eine schmale Tabelle umwandeln – die Sie ggfs. dann wieder brechen können.

© Der/die Herausgeber bzw. der/die Autor(en), exklusiv lizenziert durch Springer Fachmedien Wiesbaden GmbH, ein Teil von Springer Nature 2020
T. Schmiermund, *Größen, Einheiten, Formelzeichen*, essentials,
https://doi.org/10.1007/978-3-658-31859-8_8

Bindung	Bindungsenergie in kJ mol^{-1}	Bindung	Bindungsenergie in kJ mol^{-1}
H–H	436	C–H	414
Cl–Cl	244	C–Cl	339
Br–Br	193	C–Br	285

Abb. 8.1   Beispiel für eine gebrochene Tabelle mit einer eingefügten Leerspalte

Detailliertere Hinweise zu Tabellen und deren Gestaltung erhalten Sie z. B. bei Kremer (2014) oder bei Ebel et. al. (2006).

Diagramme: Schriftgröße und Achsenbeschriftung

9

Werden Grafiken (x-y-Diagramme) benötigt, dann ist häufig die Schriftgröße zu klein gewählt. In der verkleinerten Darstellung im fertigen Text sind die Beschriftungen dann nur noch schlecht zu lesen. In der Abb. 9.1 beispielsweise beträgt die Original-Schriftgröße 20pt (Schriftart Arial, DIN A 4-Format).

Das zweite Problem ist die (normgerechte) Beschriftung der Achsen. Die zugehörige Größe (d. h. Formelzeichen und Einheit) werden auf die vorletzte Ziffer der Achsenbezeichnung gelegt. Dies gelingt mit einem Textfeld (Hintergrundfarbe weiß) sehr einfach.

Weiters zu beachten:

- Als Obergrenze gelten i. allg. vier Kurven je Diagramm. In Ausnahmefällen – wenn sich die Kurven nicht schneiden – auch bis max. sechs Kurven.
- Legende und Überschrift nicht aus der Tabellenkalkulation in das Diagramm übernehmen. Beides steht ohnehin in der Bildunterschrift.
- An jede Linie wird der zugehörige Parameter geschrieben. Alternativ kann die Beschriftung mit geraden Buchstaben oder *schrägen Ziffern* erfolgen. Diese werden dann in der Bildunterschrift erläutert.
- Sie können entweder verschiedene Linien (durchgezogen, gepunktet, gestrichelt, usw.) oder je Kurve unterschiedliche Markierungszeichen (z. B. ■, □, ▲, ◊, ○, ●) verwenden. Achten Sie auch hier auf eine hinreichende Größe. Vermeiden Sie Kreuzchen, Linien u. ä. Dies ist später kaum noch zu sehen.
- Bei der Verwendung farbiger Linien achten Sie auf gut unterscheidbare Farbtöne.
- Die Linienbreiten von Gitternetz : Achsen : Kurven sollten 1 : 2 : 4 betragen.

- Achten Sie bei den Achsen auf eine sinnvolle Skalierung. Die Achsen müssen nicht immer zwingend „bei Null" beginnen.
- Haben Sie sich einmal für ein Basis-Layout entschieden, so behalten Sie dieses in Ihrer gesamten Arbeit durchgängig bei.

Detailliertere Hinweise zu Grafiken, aber auch zu Abbildungen, finden Sie z. B. bei Kremer (2014) oder bei Ebel et al. (2006).

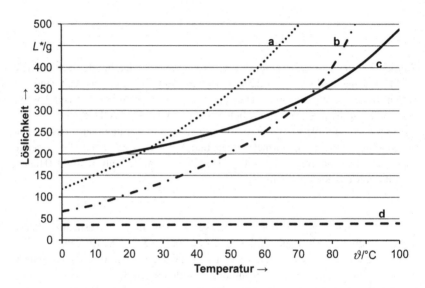

Abb. 9.1 Beispiel für ein x-y-Diagramm (Bildunterschrift dazu: Darstellung der Löslichkeit L* verschiedener Stoffe bezogen auf 100 g Wasser als Lösemittel in Abhängigkeit der Temperatur. **a** Ammoniumnitrat, **b** Harnstoff, **c** Rohrzucker, **d** Kochsalz)

Hilfreiche Tabellen 10

10.1 Anmerkungen zu den Sonderzeichen-Tabellen

10.1.1 Unicode-Ziffern

Zur Verwendung des Unicodes tippen sie die jeweilige Kombination ein und drücken dann (ohne Leerstelle dazwischen) [ALT] + [C]. Das jeweilige Zeichen erscheint sofort. Umgekehrt können Sie auch ein beliebiges Zeichen schreiben bzw. kopieren und einfügen und sich dann mit der Tastenkombination [ALT] + [C] den Unicode dieses Zeichens anzeigen lassen.

Die Verwendung des Unicodes ist den meisten Fällen den ASCII-/ANSI-Codes vorzuziehen, da sehr viel mehr Zeichen dargestellt werden können. Einen Überblick über die gesamte Bandbreite der Unicode-Zeichen erhalten Sie auf http://www.unicode.org/charts/.

10.1.2 ASCII-/ANSI-Code

Wenn Sie die – häufig auch als „Tastaturkürzel" bezeichneten – ASCII-Code-bzw. ANSI-Code-Ziffernfolgen verwenden wollen, dann halten Sie die [ALT]-Taste gedrückt und geben die jeweilige Nummer über den Nummernblock ein. Nach dem Loslassen der Tasten erscheint das jeweilige Zeichen.

Naturgemäß ist die Anzahl der so darstellbaren Sonderzeichen nicht allzu groß. Dies zeigt sich u. a. darin, dass in den nachfolgenden Tabellen dieses Kapitels nicht bei allen Zeichen die Codierung in der Spalte „ASCII/ANSI" angegeben werden konnte.

© Der/die Herausgeber bzw. der/die Autor(en), exklusiv lizenziert durch
Springer Fachmedien Wiesbaden GmbH, ein Teil von Springer Nature 2020
T. Schmiermund, *Größen, Einheiten, Formelzeichen*, essentials,
https://doi.org/10.1007/978-3-658-31859-8_10

10.2   Tabellen zur Erstellung von Sonderzeichen

In den nachfolgenden Tabellen wurden – nach Gruppen gegliedert – einige der am häufigsten benötigten Sonderzeichen zusammengestellt. Wo möglich, bzw. bekannt, wurden neben den Unicodes auch die ASCII- bzw. ANSI-Codes mit angegeben.

Übersicht über die Tabellen:

- Tab. 10.1: mathematische Zeichen
- Tab. 10.2: griechische Buchstaben
- Tab. 10.3: Pfeile
- Tab. 10.4: buchstabenartige Symbole
- Tab. 10.5: Aufzählungs- und Markierungszeichen
- Tab. 10.6: Symbole in einem Kreis
- Tab. 10.7: sonstige Zeichen
- Tab. 10.8: Einheitenzeichen

Tab. 10.1 Mathematische Zeichen

Symbol	Beschreibung	Unicode	ASCII/ANSI
−	Minus-Zeichen	2212	-
±	Plus-Minus-Zeichen	00B1	241 od. 0177
·	Mal-Punkt (zentrierter Punkt)	22C5	-
·	Mal-Punkt (Ersatz, eigentl. Aufzählungsoperator)	2219	-
×	Multiplikationszeichen	2A2F	
×	Multiplikationszeichen (Ersatz)	00D7	158 od. 0215
/	Bruchstrich	2044	-
≅	Ungefähr gleich	2245	-
≈	Fast gleich	2248	-
≠	Ist ungleich	2260	-
≡	Ist identisch	2261	-
≢	Nicht identisch	2262	-
≤	Kleiner oder gleich	2264	-
≥	Größer oder gleich	2265	-
≦	Kleiner als über gleich	2266	-
≧	Größer als über gleich	2267	-

(Fortsetzung)

Tab. 10.1 (Fortsetzung)

Symbol	Beschreibung	Unicode	ASCII/ANSI
≪	Viel kleiner als	226A	-
≫	Viel größer als	226B	-
‰	Promille	2030	0137
√	(Quadrat)Wurzel	221A	-
Δ	Differenz (Delta)	2206	-
Σ	Summe (Sigma)	2211	-
Π	Produkt (Pi)	220F	-
∞	Unendlich	221E	-
∗	Faltung der Funktion	2217	-
∘	Verkettung der Funktion	2218	-
∂	Partielles Differential	2202	-
∫	Bestimmtes Integral	222B	-
∝	Proportionalitätszeichen	221D	-
≙	Entspricht	2259	-
≝	Gleich nach Definition	225D	-
∅	Durchschnitt (auch: Durchmesser-Zeichen)	00D8	0216
⟨	Spitze Klammer auf	27E8	-
⟩	Spitze Klammer zu	27E9	-

Tab. 10.2 Griechische Buchstaben

Zeichen	Unicode	ASCII/ANSI	Zeichen	Unicode	ASCII/ANSI
A (Alpha)	0391	913	α (alpha)	03B1	945
B (Beta)	0392	914	β (beta)	03B2	946
Γ (Gamma)	0393	915	γ (gamma)	03B3	947
Δ (Delta)	0394	916	δ (delta)	03B4	948
E (Epsilon)	0395	917	ε (epsilon)	03B5	949
Z (Zeta)	0396	918	ζ (zeta)	03B6	950
H (Eta)	0397	919	η (eta)	03B7	951
Θ (Theta)	0398	920	θ (theta)	03B8	952
I (Iota)	0399	921	ι (iota)	03B9	953
K (Kappa)	039A	922	κ (kappa)	03BA	954
Λ (Lambda)	039B	923	λ (lambda)	03BB	955
M (My)	039C	924	μ (my)	03BC	956
N (Ny)	039D	925	ν (ny)	03BD	957
Ξ (Xi)	039E	926	ξ (xi)	03BE	958
O (Omikron)	039F	927	o (omikron)	03BF	959
Π (Pi)	03A0	928	π (pi)	03C0	960
P (Rho)	03A1	929	ρ (rho)	03C1	961
-	-	-	ς (sigma)	03C2	962
Σ (Sigma)	03A3	931	σ (sigma)	03C3	963
T (Tau)	03A4	932	τ (tau)	03C4	964
Y (Ypsilon)	03A5	933	υ (ypsilon)	03C5	965
Φ (Phi)	03A6	934	φ (phi)	03C6	966
X (Chi)	03A7	935	χ (chi)	03C7	967
Ψ (Psi)	03A8	936	ψ (psi)	03C8	968
Ω (Omega)	03A9	937	ω (omega)	03C9	969

Tab. 10.3   Pfeile

Symbol	Beschreibung	Unicode	ASCII/ANSI
←	Pfeil nach links (West-Pfeil)	2190	27
↑	Pfeil nach oben (Nord-Pfeil)	2191	24
→	Pfeil nach rechts (Ost-Pfeil)	2192	26
↓	Pfeil nach unten (Süd-Pfeil)	2193	25
↔	Doppelpfeil rechts/links	2194	29
↕	Doppelpfeil oben/unten	2195	18
↖	Pfeil links oben (Nordwest-Pfeil)	2196	-
↗	Pfeil nach rechts oben (Nordost-Pfeil)	2197	-
↘	Pfeil nach rechts unten (Südost-Pfeil)	2198	-
↙	Pfeil nach links unten (Südwest-Pfeil)	2199	-
↚	Pfeil nicht links	219A	-
↛	Pfeil nicht rechts	219B	-
⇇	Doppelpfeil nach links	21C7	-
⇈	Doppelpfeil nach oben	21C8	-
⇉	Doppelpfeil nach rechts	21C9	-
⇊	Doppelpfeil nach unten	21CA	-
⇋	Doppelhaken links/rechts	21CB	-
⇌	Doppelhaken rechts/links	21CC	-
↺	Pfeil gegen den Uhrzeigersinn	27F2	-
↻	Pfeil im Uhrzeigersinn	27F3	-

Tab. 10.4   Buchstabenartige Symbole

Symbol	Beschreibung	Unicode	ASCII/ANSI
ℓ	Kleines L (Schreibschrift), L-Symbol	2113	-
∂	Griechisches Delta-Symbol	2202	-
ϑ	Griechisches Theta-Symbol	03D1	977
φ	Griechisches Phi-Symbol	03D5	981
$\varkappa$	Griechisches Kappa-Symbol	03F0	1008
ϱ	Griechisches Rho-Symbol	03F1	1009

Tab. 10.5   Aufzählungs- und Markierungszeichen

Symbol	Beschreibung	Unicode	ASCII/ANSI
†	Kreuz („dagger“)[a]	2020	-
‡	Doppelkreuz („double dagger“)[a]	2021	-
•	Punkt-Aufzählungszeichen	2022	-
▬	Schwarzes Rechteck	25AC	-
▶	Dreieck nach rechts, groß, schwarz	25BA	-
◊	Rhombus, Linie	25CA	-
◆	Rhombus, gefüllt	2666	-
△	Dreieck, Linie	25B3	-
▲	Dreieck, gefüllt	25B2	-
□	Quadrat, Linie	25A1	-
■	Quadrat, gefüllt	25A0	-
○	Weißer Kreis	25CB	-
●	Schwarzer Kreis	25CF	-
○	Weißes Aufzählungszeichen	25E6	-

[a]wird im amerikanischen Raum neben dem Asterix (*) als Fußnotenzeichen verwendet

Tab. 10.6   Symbole in einem Kreis

Symbol	Beschreibung	Unicode	ASCII/ANSI
⊕	Eingekreistes Plus	2295	-
⊖	Eingekreistes Minus	2296	-
⊗	Eingekreistes Multiplikationszeichen	2297	-
⊘	Eingekreister Divisionsstrich	2298	-
⊙	Eingekreister Punkt	2299	-
⊚	Eingekreister Ring	229A	-
⊜	Eingekreistes Gleichheitszeichen	229C	-

Tab. 10.7 Sonstige Zeichen

Symbol	Beschreibung	Unicode	ASCII/ANSI
	Leerzeichen (Tastatur: [Leer])	0020	-
	Geschütztes Leerzeichen ([Shift] + [Strg] + [Leer])	00A0	0160
	Schmales Leerzeichen	2009	-
	Schmales geschütztes Leerzeichen	202F	-
'	Einfaches Anführungszeichen (Minuten-Symbol)	2032	-
"	Doppeltes Anführungszeichen (Sekunden-Symbol)	2033	-
‴	Dreifaches Anführungszeichen	2034	-
…	Drei Punkte (Auslassungszeichen, bis-Zeichen)	2026	-
²	Quadrat-Zeichen (Tastatur: [Alt Gr] + [2])	00B2	-
³	Kubik-Zeichen (Tastatur: [Alt Gr] + [3])	00B3	-
-	Geschützter Bindestrich	2011	-
⊖	Plimsoll-Zeichen (Bezeichnung v. Standard-Zustand)	29B5	-
♀	Weiblich (Venus-Zeichen)	2640	-
♂	Männlich (Mars-Zeichen)	2642	-

Tab. 10.8 Einheitenzeichen

Symbol	Beschreibung	Unicode	ASCII/ANSI
K	Einheit Kelvin	212A	-
°C	Einheit „Grad Celsius"	2103	-
°F	Einheit „Grad Fahrenheit"	2109	-
h	Planck-Konstante	210E	-
ħ	Reduzierte Planck-Konstante	210F	-
Ω	Einheit „Ohm"	2126	-

10.3   Tabellen zum SI-Einheitensystem

10.3.1 Abgeleitete SI-Einheiten mit besonderen Namen

Einige abgeleitete SI-Einheiten besitzen besondere Namen; wobei die meisten auf Naturwissenschaftler zurückgehen. Diese sind gegenüber dem SI-Einheitensystem kohärente Einheiten und können uneingeschränkt verwendet werden. Beispiele sind in Tab. 10.9 aufgeführt.

Tab. 10.9 abgeleitete SI-Einheiten mit besonderem Namen (Beispiele)

Größe	Einheitenname	Einheitensymbol	Beziehung
Aktivität[a]	Becquerel	Bq	$1\,Bq = 1/s$
Äquivalentdosis[a]	Sievert	Sv	$1\,Sv = 1\,J/kg = 1\,m^2/s^2$
Druck	Pascal	Pa	$1\,Pa = 1\,N/m^2 = 1\,kg/(m\,s^2)$
Elektr. Kapazität	Farad	F	$1\,F = 1\,C/V$ $= 1\,(A^2\,s^4)/(m^2\,kg)$
Elektr. Ladung	Coulomb	C	$1\,C = 1\,A\,s$
Elektr. Leitwert	Siemens	S	$1\,S = 1\,A/V$ $= 1\,(A^2\,s^3)/(m^2\,kg)$
Elektr. Spannung	Volt	V	$1\,V = 1\,J/C$ $= 1\,(m^2\,kg)/(A\,s^3)$
Elektr. Widerstand	Ohm	Ω	$1\,\Omega = 1\,V/A$ $= 1\,(m^2\,kg)/(A^2\,s^3)$
Energie, Arbeit	Joule	J	$1\,J = 1\,N\,m = 1\,W\,s$ $= 1\,(m^2\,kg)/s^2$
Energiedosis[a]	Gray	Gy	$1\,Gy = 1\,J/kg = 1\,m^2/s^2$
Frequenz	Hertz	Hz	$1\,Hz = 1/s$
katalyt. Aktivität	Katal	kat	$1\,kat = 1\,mol/s$
Kraft	Newton	N	$1\,N = 1\,(kg\,m)/s^2$
Leistung	Watt	W	$1\,W = 1\,J/s = 1\,V\,A$ $= 1\,(m^2\,kg)/s^3$

[a]Einheiten in der Atomphysik

10.3.2 Nicht SI-Einheiten zur Verwendung mit dem SI

In der Tab. 10.10 sind Einheiten außerhalb des SI aufgeführt, deren Verwendung mit dem SI gestattet ist.

Beachten Sie, dass die hier aufgeführten Einheiten für Zeit (min, h, d) und ebenen Winkel (°, ′, ″) keine Vorsätze erhalten dürfen und dass Winkelangaben ohne Leerraum zwischen Zahl und Symbol geschrieben werden: 20° 7′ 35″.

Bei der Umrechnung von Zeitangaben in min oder h gilt es zu beachten, dass Zeitangaben in dezimalen Größen korrekt in die Angabe hh:mm:ss umgerechnet werden müssen. Beispiele: 1,75 h = 1 h 45 min bzw. 4 min 30 s = 4,5 min. Gleiches gilt für Winkelangaben.

Bei Volumenangaben in der Einheit Liter sind Vorsätze $\geq 1 \cdot 10^3$ (z. B. ML für Megaliter) oder dezimale Schreibweisen (z. B. $5,3 \cdot 10^6$ L) unüblich. Rechnen Sie besser in SI-Einheiten (m^3, km^3) um. Gängig ist jedoch der Hektoliter (1 hL = 10^2 L) für Getränkevolumina. Die Verwendung mit kleinen Vorsätzen hingegen ist gängige Praxis (z. B. mL, µL), ebenso die analoge dezimale Schreibweise (z. B. $23,6 \cdot 10^{-3}$ L für 23,6 mL).

Als Symbol für den Liter sind das kleine L (l) und das große L (L) zugelassen. Aus Gründen der Lesbarkeit und der Verwechslungsgefahr wird an dieser Stelle das „L" ausdrücklich als alleinig zu verwendendes Symbol empfohlen.

Tab. 10.10 Nicht-SI-Einheiten zur Verwendung mit dem SI

Größe	Einheitenname	Einheitensymbol	Umrechnungen
Zeit	Minute	min	1 min = 60 s
	Stunde	h	1 h = 60 min = 3 600 s
	Tag	d	1 d = 24 h
Ebener Winkel	Grad	°	$1° = (\pi/180)$ rad
	Minute	′	$1′ = (1/60)°$
	Sekunde	″	$1″ = (1/60)′ = (1/3600)°$
Volumen	Liter	l, L	1 L = 1 dm^3
Masse	(metrische) Tonne	t	1 t = 10^3 kg
Druck	Bar	bar	1 bar = 10^5 Pa

10.3.3 Nicht-SI-Einheiten mit eingeschränktem Anwendungsbereich

Verschiedene häufig benutzte Einheiten, die keine SI-Einheiten sind, dürfen innerhalb ihres Anwendungsbereichs weiterhin verwendet werden. Einige sind in Tab. 10.11 aufgeführt.

10.3.4 Nicht mehr erlaubte Einheiten

In Tab. 10.12 sind einige nicht mehr zugelassene Einheiten aufgelistet, von deren Gebrauch **dringend abgeraten** wird. Wenn Sie im Rahmen Ihrer Recherche auf eine dieser Einheiten stoßen, so rechnen Sie diese möglichst in SI-Einheiten um. Weitere Umrechnungen von veralteten oder britischen/amerikanischen Einheiten können Sie z. B. DIN 1301-3 oder Fischer, Vogelsang (1993) entnehmen.

Tab. 10.11 Nicht-SI-Einheiten mit eingeschränktem Anwendungsbereich (Beispiele)

Größe	Einheitenname	Einheitensymbol	Beziehung
Fläche	Ar[a]	a	$1\,a = 10^2\,m^2$
	Hektar[a]	ha	$1\,ha = 10^4\,m^2$
Wirkungs-querschnitt	Barn[b]	b	$1\,b = 10^{-28}\,m^2$
Energie	Elektronenvolt[b,c]	eV	$1\,eV = 1{,}602\,176\,634 \cdot 10^{-19}\,J$
Masse	Masseneinheit, atomare[b]	u	$1\,u = 1\,m_u = m(^{12}C)/12$ $= 1{,}660\,539\,066\,60(50) \cdot 10^{-27}\,kg$

[a]Fläche von Grundstücken und Flurstücken. Hektar ohne weitere Vorsätze verwenden
[b]Einheiten in der Atomphysik
[c]Gemäß EinhV ist der Einheitenname auf „Elektronvolt" festgelegt. Die hier verwendete Bezeichnung „Elektronenvolt" ist die im deutschen übliche Variante

Tab. 10.12 Einheiten, die nicht mehr erlaubt sind

Einheitenzeichen	Einheit	Umrechnung in SI-Einheiten
Å	Ångström	$1\,\text{A} = 10^{-12}\,\text{m} = 0{,}1\,\text{nm}$
at	Techn. Atmosphäre	$1\,\text{at} = 98\,066{,}5\,\text{Pa}$
atm	Physikal. Atmosphäre	$1\,\text{atm} = 101\,325\,\text{Pa}$
atü	Techn. Atmosphäre Überdruck	$1\,\text{atü} = 98\,066{,}5\,\text{Pa}$
°Bé	Grad Baumé	$0\,°\text{Bé} = 1{,}000\,\text{kg/m}^3$; Umrechnung nach Skala
cal	Kalorie	$1\,\text{cal} = 4{,}1868\,\text{J}$
cal_{15}	15-Grad-Kalorie	$1\,\text{cal}_{15} = 4{,}1855\,\text{J}$
Ci	Curie	$1\,\text{Ci} = 3{,}7 \cdot 10^{10}\,\text{Bq} = 37\,\text{GBq}$
D	Debye	$1\,\text{D} = 3{,}336 \cdot 10^{-30}\,\text{C m}$
Da	Dalton[a]	$1\,\text{Da} = 1\,\text{g/mol} = 1{,}6601 \cdot 10^{-27}\,\text{kg}$
°dH	Grad deutscher Härte	$1\,°\text{dH} = 0{,}1785\,\text{mmol/L}$ Erdalkaliionen
Dyn	Großdyn	$1\,\text{Dyn} = 1\,\text{N}$
dyn	Dyn	$1\,\text{dyn} = 10^{-5}\,\text{N}$
Dz	Doppelzentner	$1\,\text{Dz} = 100\,\text{kg}$
erg	Erg	$1\,\text{erg} = 10^{-7}\,\text{J}$
fm	Fermi[a]	$1\,\text{fm} = 10^{-15}\,\text{m}$
grd	Grad (für Differenzen)	$1\,\text{grd} = 1\,\text{K} = 1\,°\text{C}$
jato	Jahrestonne	$1\,\text{jato} = 1\,\text{t/a}$
Jy	Jansky	$1\,\text{Jy} = 10^{-26}\,\text{W m}^{-2}\,\text{Hz}^{-1}$
kp	Kilopond	$1\,\text{kp} = 9{,}806\,65\,\text{N}$
mmHg	Millimeter Quecksilbersäule[b]	$1\,\text{mmHg} = 133{,}3\,\text{Pa}$
mWS	Meter Wassersäule	$1\,\text{mWS} = 9{,}806\,65\,\text{kPa}$
P	Poise	$1\,\text{P} = 0{,}1\,\text{Pa} \cdot \text{s}$
p	Pond	$1\,\text{p} = 9{,}806\,65 \cdot 10^{-3}\,\text{N}$
PS	Pferdestärke	$1\,\text{PS} = 735{,}5\,\text{W}$
R	Röntgen	$1\,\text{R} = 2{,}58 \cdot 10^{-4}\,\text{C/kg}$
rad	Rad (radiation absorbed dose)	$1\,\text{rad} = 10^{-2}\,\text{J/kg} = 10\,\text{mGy}$
rem	Rem (roentgen equivalent man)	$1\,\text{rem} = 10^{-2}\,\text{Sv} = 10\,\text{mSv}$

(Fortsetzung)

Tab. 10.12 (Fortsetzung)

Einheitenzeichen	Einheit	Umrechnung in SI-Einheiten
St	Stokes	$1\ St = 1\ cm^2/s$
tato	Tagestonne	$1\ tato = 1\ t/d$
Torr	Torr (Torricelli)	$1\ Torr = 133{,}3\ Pa$
val	Val	$1\ val = 1/z\ mol$
μ	Mikron, My (Länge)	$1\ μ = 10^{-6}\ m = 1\ μm$
γ	Gamma (Masse)	$1\ γ = 10^{-9}\ kg = 1\ μg$
λ	Lambda (Volumen)	$1\ λ = 10^{-9}\ m^3 = 1\ μL$

[a]Keine gesetzlichen Ausnahmen für den Gebrauch vorgesehen
[b]Ausschließlich als Druck-Einheit des Blutdrucks (und anderer Körperflüssigkeiten) noch erlaubt. Beachten Sie, dass nach „mm" kein Trennungszeichen steht

10.4   Tastenkombinationen

Tastenkombinationen können eine wertvolle, da zeitersparende Variante sein, bestimmte Funktionen auszuführen. Nachfolgend finden Sie häufig benötigte Tastenkombinationen für MS Windows[©] (Tab. 10.13) und MS Office[©] (Tab. 10.14).

Tab. 10.13 Tastenkombinationen unter MS Windows[©]

Kombination	Funktion
[STRG] + [C]	Kopieren
[STRG] + [V]	Einfügen
[STRG] + [X]	Ausschneiden
[STRG] + [A]	Alles markieren
[STRG] + [Z]	Rückgängig machen (1 Aktion)
[STRG] + [Y]	Wiederholen (letzte Aktion)
[STRG] + [F]	Suchen nach
[STRG] + [H]	Suchen nach und ersetzen mit
[STRG] + [S]	Speichern
[STRG] + [P]	Drucken
[STRG] + [Pos1]	An erste Position im Dokument gehen
[STRG] + [End]	An letzte Position im Dokument gehen
[Shift] + [Pfeil]	Markieren (rechts, links, oben, unten)

Tab. 10.14 Wichtige Tastenkombinationen in MS Office$^©$

Kombination	Funktion
[STRG] + [Shift] + [F]	Format: fett
[STRG] + [Shift] + [K]	Format: kursiv
[STRG] + [Shift] + [U]	Format: unterstreichen
[STRG] + [#]	Tiefstellung^W
[STRG] + [+]	Hochstellung^W
[Shift] + [F3]	Groß-/Kleinschreibung der Buchstaben
[STRG] + [Shift] + [A]	Menü „Schriftart" öffnen
[STRG] + [Shift] + [C]	Formatierung übertragen^{W,P}
[STRG] + [Shift] + [V]	Formatierung zuweisen^{W,P}
[STRG] + [Shift] + [P]	Schriftgröße ändern
[STRG] + [Shift] + [<]	Schrift vergrößern^W
[STRG] + [<]	Schrift verkleinern^W
[STRG] + [B]	Blocksatz^W
[STRG] + [L]	Text linksbündig ausrichten^{W,P}
[STRG] + [R]	Text rechtsbündig ausrichten^{W,P}
[STRG] + [E]	Text zentrieren^{W,P}
[ALT] + [Shift] + [=]	Formel einfügen^W

^{W}nur in MS Word
^{W,P}nur in MS Word und MS PowerPoint

Was Sie aus diesem *essential* mitnehmen können

- Die regelgerechte Darstellung von Formeln, Einheiten, Zahlen und Gleichungen.
- Tipps zur fehlerfreien Formatierung naturwissenschaftlicher Texte.
- Das einfache und schnelle Einfügen von Sonderzeichen mittels Zahlencodes.
- Die Verwendung des geschützten Leerzeichens.
- Die Schreibweise chemischer Formeln.
- Hilfen für die Gestaltung von Tabellen und Diagrammen.

© Der/die Herausgeber bzw. der/die Autor(en), exklusiv lizenziert durch
Springer Fachmedien Wiesbaden GmbH, ein Teil von Springer Nature 2020
T. Schmiermund, *Größen, Einheiten, Formelzeichen*, essentials,
https://doi.org/10.1007/978-3-658-31859-8

Verwendete und weiterführende Literatur

BIPM (2019) – Bureau International de Poids et Measures, *The International System of Units (SI)* 9th edition, erhältlich unter: https://www.bipm.org/utils/common/pdf/si-brochure/SI-Brochure-9-EN.pdf; zuletzt abgerufen im Juni 2020

Brinkmann B (2012) – DIN Deutsches Institut für Normung e. V. (Hrsg.) *Internationales Wörterbuch der Metrologie*, 4. Auflage; Beuth, Berlin

Bundesministerium der Justiz und für Verbraucherschutz (Hrsg.) (2016) *Gesetz über die Einheiten im Messwesen und die Zeitbestimmung (Einheiten- und Zeitgesetz – EinhZeitG)*, erhältlich unter: https://www.gesetze-im-internet.de/me_einhg/EinhZeitG. pdf, zuletzt abgerufen im Juni 2020

Bundesministerium der Justiz und für Verbraucherschutz (Hrsg.) (2009) *Ausführungsverordnung zum Gesetz über die Einheiten im Messwesen und die Zeitbestimmung (Einheitenverordnung – EinhV)*, erhältlich unter: https://www.gesetze-im-internet.de/ einhv/EinhV.pdf, zuletzt abgerufen im Juni 2020

DIN Deutsches Institut für Normung e. V. (Hrsg.) (2010) *DIN 1301-1:2010-10 Einheiten – Teil 1: Einheitennamen, Einheitenzeichen*, Beuth, Berlin

DIN Deutsches Institut für Normung e. V. (Hrsg) (1982) *DIN 1301-1Bbl:1982-04 Beiblatt zu DIN 1301 Teil 1*, Beuth, Berlin

DIN Deutsches Institut für Normung e. V.(Hrsg.) (1978) *DIN 1301-2:1978-02 Einheiten – Teil 2: Allgemein angewendete Teile und Vielfache*, Beuth, Berlin

DIN Deutsches Institut für Normung e. V. (Hrsg.) (2018) *DIN 1301-3:2018-02 Einheiten – Teil 3: Umrechnung von Nicht-SI-Einheiten*, Beuth, Berlin

DIN Deutsches Institut für Normung e. V. (Hrsg.) (1994) *DIN 1304-1:1994-03 Formelzeichen Teil 1: Allgemeine Formelzeichen*, Beuth, Berlin

DIN Deutsches Institut für Normung e. V. (Hrsg.) (1998) *DIN 1313:1998-12 Größen*, Beuth, Berlin

DIN Deutsches Institut für Normung e. V. (Hrsg.) (1992) *DIN 1333:1992-02 Zahlenangaben*, Beuth, Berlin

DIN Deutsches Institut für Normung e. V. (Hrsg.) (2011) *DIN 1338:2011-03 Formelschreibweise und Formelsatz*, Beuth, Berlin

© Der/die Herausgeber bzw. der/die Autor(en), exklusiv lizenziert durch Springer Fachmedien Wiesbaden GmbH, ein Teil von Springer Nature 2020
T. Schmiermund, *Größen, Einheiten, Formelzeichen*, essentials,
https://doi.org/10.1007/978-3-658-31859-8

DIN Deutsches Institut für Normung e. V. (Hrsg.) (1990) *DIN 1343:1990-01 Referenzzustand, Normzustand, Normvolumen – Begriffe und Werte*, Beuth, Berlin

DIN Deutsches Institut für Normung e. V. (Hrsg.) (1993) *DIN 1345:1993-12 Thermodynamik – Grundbegriffe*, Beuth, Berlin

DIN Deutsches Institut für Normung e. V. (Hrsg.) (2011) *DIN 5008:2011 Schreib- und Gestaltungsregeln für die Textverarbeitung* (Sonderdruck), Beuth, Berlin

DIN Deutsches Institut für Normung e. V. (Hrsg.) (2017) *DIN ISO 8601-1:2017-02 – Entwurf Datenelemente und Austauschformate – Informationsaustausch – Darstellung von Datum und Uhrzeit – Teil 1: Grundlegende Regeln*, Beuth, Berlin

DIN Deutsches Institut für Normung e. V. (Hrsg.) (2013) *DIN EN ISO 80000-1:2013-08 Größen und Einheiten – Teil 1: Allgemeines*, Beuth, Berlin

DIN Deutsches Institut für Normung e. V. (Hrsg.) (2020) *DIN EN ISO 80000-2:2020-02 Größen und Einheiten – Teil 2: Mathematik*, Beuth, Berlin

DIN Deutsches Institut für Normung e. V. (Hrsg.) (2020) *DIN EN ISO 80000-5:2020-02 Größen und Einheiten – Teil 5: Thermodynamik*, Beuth, Berlin

DIN Deutsches Institut für Normung e. V. (Hrsg.) (2020) *DIN EN ISO 80000-9:2020-02 Größen und Einheiten – Teil 9: Physikalische Chemie und Molekularphysik*, Beuth, Berlin

DIN Deutsches Institut für Normung e. V. (Hrsg.) (2013) *DIN EN ISO 80000-11:2013-08 Größen und Einheiten – Teil 11: Kenngrößen der Dimension Zahl*, Beuth, Berlin

Drath P (1996) – PTB – Physikalisch-Technische Bundesanstalt (Hrsg.) *Leitfaden für den Gebrauch des Internationalen Einheitensystems*, Braunschweig

Drexler F J, Krystek M (2019) – DIN Deutsches Institut für Normung e. V. (Hrsg.) *Formeln, Zeichen und Symbole – Einführung in die DIN EN ISO 80000-2*, Beuth, Berlin

Ebel H F, Bliefert C, Greulich W (2006), *Schreiben und Publizieren in den Naturwissenschaften*, 5. Auflage, Wiley-VCH, Weinheim

Esselborn-Krumbiegel H (2017), *Von der Idee zum Text: Eine Anleitung zum wissenschaftlichen Schreiben*, 5. Auflage, Schöningh, Paderborn

Falbe J., Regitz M. (Hrsg) (1995) *Römpp Chemie Lexikon*, 9. Auflage, Georg Thieme, Stuttgart

Fischer, Vogelsang (1993) *Größen und Einheiten in Physik und Technik*, Verlag Technik, Berlin

Gehrtsen (2006) *Physik*, Hrsg.: Meschede D, 23. Auflage, Springer, Heidelberg

Höfling O. (1990) *Physik*, 15. Auflage, Dümmler, Bonn

IUPAC International Union of Pure and Applied Chemistry (ed.) (2005) *Nomenclature of Inorganic Chemistry*, RSC, Cambridge

Kremer, B P (2014) *Vom Referat bis zur Examensarbeit – Naturwissenschaftliche Texte perfekt verfassen und gestalten*, 4. Auflage, Springer, Heidelberg

Kurzweil P. (2000) *Das Vieweg Einheiten-Lexikon*, Vieweg, Braunschweig

PTB – Physikalisch-Technische Bundesanstalt (2001) *Dimensionen der Einheiten*, erhältlich unter: https://www.ptb.de/cms/fileadmin/internet/publikationen/masstaebe/Hefte_Komplett_PDF/mst01.pdf, zuletzt abgerufen im Juni 2020

PTB – Physikalisch-Technische Bundesanstalt (2007) *Das Internationale Einheitensystem (SI)*, erhältlich unter: https://www.ptb.de/cms/fileadmin/internet/publikationen/ptb_mitteilungen/mitt2007/Heft2/PTB-Mitteilungen_2007_Heft_2.pdf, zuletzt abgerufen im Juni 2020

PTB – Physikalisch-Technische Bundesanstalt (2012) *Das System der Einheiten*, erhältlich unter: https://www.ptb.de/cms/fileadmin/internet/publikationen/ptb_mitteilungen/mitt2012/Heft1/PTB-Mitteilungen_2012_Heft_1.pdf, zuletzt abgerufen im Juni 2020

PTB – Physikalisch-Technische Bundesanstalt (2019) *Die gesetzlichen Einheiten in Deutschland*, erhältlich unter: https://www.ptb.de/cms/fileadmin/internet/presse_aktuelles/broschueren/intern_einheitensystem/Die_gesetztlichen_Einheiten_2019_digital.pdf, zuletzt abgerufen im Juni 2020

Schmiermund T (2019) *Das Chemiewissen für die Feuerwehr*, Springer, Heidelberg

Schmiermund T (2020) *Die Avogadro-Konstante – Entstehung einer Naturkonstante*, Reihe: *essentials*, Springer, Heidelberg

Volkmann P (1998), *Größen und Einheiten in Technik und fachbezogenen Naturwissenschaften*, VDE-Verlag, Berlin

Kontakt zum Autor

Bei Fragen, Kommentaren und Anregungen zu diesem Buch schreiben Sie eine E-Mail an: fw_chemie@aol.com.

Printed in the United States
By Bookmasters